数字电子技术应用教程

主　编　孙利华
副主编　黄翠翠　陈　荣　熊年禄

U0362695

华中科技大学出版社
中国·武汉

内 容 简 介

　　本书遵循"以实用为主,理论够用为度"的原则,注重实用性。为适应当前电子技术人才培养的迫切需求,本书介绍了数字电路的基础知识和常规内容,同时还介绍了数字电子技术的新器件、新技术等方面内容,其中包括常用中规模、大规模数字集成电路的分析与应用,以及各类常用器件的测试技能等。

　　全书共分7章,包括数字逻辑基础知识、基本逻辑门电路、逻辑代数基础、组合逻辑电路的分析和设计、触发器、时序逻辑电路的分析和设计、脉冲波形的产生和整形等。

　　本书深入浅出、重点明确、实例丰富,可以作为高等院校电子、通信、光电、计算机、电气工程及其自动化等专业的专业基础课教材,尤其适合应用型本科和高职高专电气信息类专业的学生使用,也可作为从事电子技术工作的工程技术人员的参考书。

图书在版编目(CIP)数据

数字电子技术应用教程/孙利华主编. —武汉:华中科技大学出版社,2018.9
ISBN 978-7-5680-4160-7

Ⅰ. ①数… Ⅱ. ①孙… Ⅲ. ①数字电路-电子技术-教材 Ⅳ. ①TN79

中国版本图书馆 CIP 数据核字(2018)第 212548 号

数字电子技术应用教程
Shuzi Dianzi Jishu Yingyong Jiaocheng

孙利华　主编

策划编辑:范　莹
责任编辑:汪　粲
封面设计:原色设计
责任校对:张会军
责任监印:赵　月
出版发行:华中科技大学出版社(中国·武汉)　　电话:(027)81321913
　　　　　武汉市东湖新技术开发区华工科技园　　邮编:430223
录　　排:武汉市洪山区佳年华文印部
印　　刷:武汉市籍缘印刷厂
开　　本:787mm×1092mm　1/16
印　　张:9.5
字　　数:226千字
版　　次:2018年9月第1版第1次印刷
定　　价:26.00元

前　言

"数字电子技术"是电子、通信、光电、计算机、电气工程及其自动化等专业的一门重要的专业基础课。随着电子技术和信息处理技术的迅猛发展,数字电子技术已成为当今电子领域不可或缺的一门学科。为了适应 21 世纪电子技术人才的培养需要,编者在武汉工程科技学院相关专业讲授"数字电子技术""数字逻辑"多年,根据教学经验和体会,遵循"以实用为主,理论够用为度"的原则,编写了本书。本书介绍了数字电子技术的基本理论和分析、设计方法,以及常用数字电路电子器件的应用。希望学生在学习完本书后,能熟练掌握常用数字电路的基本结构和初步分析方法,为学习后继课程和将来从事数字电子技术工作打下良好的基础。

全书共分 7 章。第 1 章介绍了数字逻辑基础知识;第 2 章介绍了基本逻辑门电路及其基本应用;第 3 章讲述逻辑代数基础;第 4 章介绍组合逻辑电路的分析、设计方法,以及常用组合逻辑器件的应用;第 5 章讲述了各类触发器,包括触发器的组成与测试;第 6 章介绍了时序逻辑电路,以及时序逻辑电路的分析设计和应用;第 7 章介绍了脉冲波形的产生和整形。

本书具有不同于其他一些教材的鲜明特色:

(1)针对应用型本科教学特点,精选教材内容。根据"以实用为主,理论够用为度"的原则,选择学生能在后继课程和今后工作中常用的知识点为基础,进行理论讨论和分析计算。因此,本书概念描述清晰简练、内容鲜明实用。

(2)编者注重理论的严谨性,在保持内容的先进性、完整性的同时,力求叙述深入浅出且注重实用性。本书对概念的叙述力求由简到繁、深入浅出。

(3)习题的选择"少而精"。根据每章要求学生必须掌握的知识点,精选了相应的习题。这样能让学生在练习中加深对知识点的印象,掌握所要求掌握的知识点,从而可以有更多的精力从事该课程的教学实践和课程设计。

(4)全书结构合理、内容精辟、图文并茂,既方便教师课堂讲授,也利于学生自学。

通过学习,学生应具备的能力:① 能正确分析常见的数字电路;② 能准确设计简单的数字电路;③ 能利用所学知识进行与数字电路相关的电子综合设计。

本书的编写工作离不开武汉工程科技学院机械与电子信息学院领导的支持,作者在此表示衷心的感谢。在编写过程中,编者借鉴了有关参考资料,在此对参考文献的作者也一并表示深深的谢意。

本课程的先修课程:"电路分析基础""低频模拟电路"。

本课程理论部分教学的参考学时:64 学时。

教学学时分配建议如下。

单位:学时

序　号	内　　容	理　论	实　践	合　计
1	数字逻辑基础知识	6	0	6
2	基本逻辑门电路	12	4	16
3	逻辑代数基础	6	0	6
4	组合逻辑电路的分析和设计	8	4	12
5	触发器	10	4	14
6	时序逻辑电路的分析和设计	14	4	18
7	脉冲波形的产生和整形	8	4	12
合　计		64	20	84

编　者

2018 年 3 月

目　　录

第1章   数字逻辑基础知识

随着信息时代的发展,"数字"二字正以越来越高的频率出现在各个领域,如数字手表、数字电视、数字通信、数字控制等,数字化已成为当今电子技术的发展潮流。数字电路是数字电子技术的核心,是计算机和数字通信的硬件基础。从现在开始,你将跨入数字电子技术这一神奇的世界,去探索它的奥秘,认识它的精彩。

1.1   模拟信号与数字信号

1.1.1   模拟信号

电子技术中,被传送、加工和处理的信号有两类:一类是模拟信号,另一类是数字信号。所谓模拟信号是指时间上连续、数值也连续的信号。模拟电路处理的信号是模拟信号,例如模拟电路中的电压或电流信号就属于模拟信号,已知这些物理量在时间和数值上均是连续变化的。典型的模拟信号波形如图1-1所示。

1.1.2   数字信号

数字信号是指在数值和时间上都是离散的、突变的信号,常常被称作离散信号,典型的数字信号图如图1-2所示。数字信号是表示数字量的信号,一般说来数字信号是在两个稳定状态之间作跳跃式变化,它有电位型和脉冲型两种表示法:① 用高低不同电位信号表示数字1和0的是电位型表示法;② 用有无脉冲表示数字1和0的是脉冲型表示法。

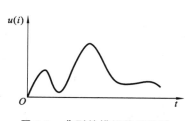

图1-1   典型的模拟信号波形

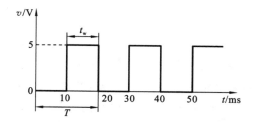

图1-2   典型的数字信号图

1. 二值数字逻辑、逻辑电平

客观世界中存在相互对立的两种状态,如真与假、是与非、开与关、高电平与低电平等。经常用逻辑1和逻辑0两个数字来描述。这里的0和1不是十进制数中的数字,而是逻辑0和逻辑1,故数字信号称为二值数字逻辑或数字逻辑。而逻辑电平的高低是物理量的相对表示而非物理量本身。

数字信号是一种二值信号,用两个电平(高电平和低电平)来分别表示两个逻辑值(逻辑1和逻辑0)。实际应用中有两种逻辑体制:正逻辑与负逻辑。正逻辑体制规定:高电平为逻辑1,低电平为逻辑0。负逻辑体制规定:低电平为逻辑1,高电平为逻辑0。

2. 数字波形

数字波形就是逻辑电平对时间变化的图形表示。当波形只有两个离散值时,常称之为脉冲波形。常见的脉冲种类包括矩形脉冲、锯齿脉冲、尖脉冲、阶梯波、梯形波、方波、断续正弦波和钟形脉冲等。从其波形就可以看出它们与典型的模拟信号(如正弦交流电压、电流波形)相比有很大的区别,它们的波形是不连续的、离散的并伴有突然变化。与模拟信号波形定义相同,数字波形也有周期性和非周期性之分。周期性数字波形也用周期 T 或频率 f 来描述。脉冲波形的频率也常称为脉冲重复频率(pulse recurrence frequency,PRF)。典型的数字信号图,如图 1-2 所示,图中脉冲宽度 t_w 表示脉冲持续作用时间,周期 T 表示周期性的脉冲信号前后两次出现的时间间隔,占空比 q 表示脉冲宽度 t_w 占整个周期 T 的百分数,即

$$q=\frac{t_w}{T}\times100\%$$

3. 数字电路

1) 数字电路的分类

数字电路按照是否具有记忆功能划分,可分为组合逻辑电路和时序逻辑电路两大类。利用组合逻辑电路和时序逻辑电路可以控制、操作和运算数字系统中的信息。

常将数字集成电路按集成度分为小规模、中规模、大规模、超大规模、甚大规模等,数字集成电路分类情况如表 1-1 所示。

表 1-1　数字集成电路分类表

分　类	三极管个数	典型集成电路
小规模	最多 10 个	逻辑门电路
中规模	10～100 个	计算器、加法器
大规模	100～1000 个	小型存储器、门阵列
超大规模	1000～10^6 个	大型存储器、微处理器
甚大规模	10^6 个以上	可编程逻辑器件、多功能集成电路

2) 数字电路的研究对象与分析方法

数字电路中输入信号是"条件",输出信号是"结果",因此输入、输出之间存在一定的因果关系,称为逻辑关系。数字电路的主要研究对象就是电路的输入与输出之间的逻辑关系。可以用逻辑表达式、图形和真值表来描述逻辑关系,也可以用硬件描述语言(如 VHDL 语言)分析、仿真与设计数字电路或数字系统。测试仪器主要有数字电压表和电子示波器。

4. 模拟信号与数字信号转换(A/D 转换、D/A 转换)

人类可以感觉接收到的信号(读、听、看、说)都是模拟信号,模拟信号在处理传送过程中易受干扰、保密性差、处理计算方法复杂,而数字信号处理简单,保密性和抗干扰能力强。现代电子信息的处理与传送基本上都是先将模拟信号转换成数字信号(A/D 转换),经数字系统处理

后再转换成模拟信号并为人类或执行机构所接受(D/A 转换)。模拟信号和数字信号之间是可以互相转换的。

信号的数字化(A/D 转换)过程需要三个步骤:抽样、量化和编码。抽样是指用每隔一定时间的信号样值序列来代替原来在时间上连续的信号,也就是在时间上将模拟信号离散化;量化是用有限个幅度值近似原来连续变化的幅度值,把模拟信号的连续幅度变为有限数量的有一定间隔的离散值;编码则是按照一定的规律,把量化后的值用二进制数字表示,然后转换成二值或多值的数字信号流。这样得到的数字信号可以通过电缆、卫星通道等数字线路传输。在接收端则与上述模拟信号数字化过程相反,经过后置滤波又恢复成原来的模拟信号以驱动执行机构。

数字电路中经常遇到计数及编码的问题,它涉及数制与码制。

1.2 数制

1.2.1 十进制

数制也称进位计数制,它是人类按照进位的方法对数量进行计数的一种统计规律。在日常生活中,常用到的是十进制,也就是逢十进一的进位计数制。在数字系统中,常用到的数制是二进制、八进制和十六进制。

1. 基数、权

基数是指一种数制中所用到的数码个数。

位权是指在 R 进位制所表示的数中,处于某个固定数位上的计数单位。某一个数位上的数值是由这一位上的数字乘以这个数位的位权值得到的。不同的数位上有不同的位权值。例如,十进制百位的位权值是 10^2,千位的位权值是 10^3,百分位的位权值是 10^{-2} 等。位权值简称为权。以十进制数 987.65 为例,有

$$(987.65)_{10} = 9 \times 10^2 + 8 \times 10^1 + 7 \times 10^0 + 6 \times 10^{-1} + 5 \times 10^{-2}$$

上式中括号下方数字 10(R)代表 10(R)进制,以下相同。通常在数字后面紧跟一英文字母表示该数为几进制,例如,D 代表十进制,B 代表二进制,H 代表十六进制,O 代表八进制等。在约定的情况下,后缀可以省去。

2. 十进制的表达

基数为 10 的数制为十进制,因此,在十进制数中,有 0、1、2、3、4、5、6、7、8、9 共 10 个基本数码,其进位规律是“逢十进一”。数码所处的位置不同时,其代表的数值也不同。上例中 987.65 的表达式为典型的十进制的表达。任意一个十进制数可表示为

$$(N)_{10} = \sum_{i=-m}^{n-1} a_i \times 10^i$$

式中 a_i 为系数(0、1、2、3、4、5、6、7、8、9),10^i 为权。

1.2.2 二进制

基数为 2 的数制为二进制,因此,在二进制中,进位规律是“逢二进一”,表示数值的数字只

有 0 和 1。在数字系统中,之所以经常采用二进制,是因为它的运算很简单。

1. 二进制的表达

在数字电路中,数以电路的状态来表示。寻找一个具有十种状态的电子器件比较困难,而找一个具有两种状态的器件就很容易,所以数字电路中广泛使用二进制。二进制的数码只有两个,即 0 和 1。进位规律是"逢二进一"。

二进制数 1101.11 可以表示成一个多项式,即

$$(1101.11)_2 = 1 \times 2^3 + 1 \times 2^2 + 0 \times 2^1 + 1 \times 2^0 + 1 \times 2^{-1} + 1 \times 2^{-2}$$

对任意一个二进制数可表示为

$$(N)_2 = \sum_{i=-m}^{n-1} a_i \times 2^i$$

式中 a_i 为系数(0、1),2^i 为权。

(1)二进制的加法规律:

$$0+0=0; \quad 1+1=10; \quad 0+1=1+0=1。$$

(2)二进制的乘法规律:

$$0 \times 0=0; \quad 1 \times 1=1; \quad 0 \times 1=1 \times 0=0。$$

可见,二进制的运算规律非常简单,因为它每位只有 0 和 1 两种表示,所以在数字系统中实现起来很方便。人们经常用 0 来表示低电位或晶体管的导通,用 1 来表示高电位或晶体管的截止等。

2. 二进制的波形

在数字电子技术和计算机应用中,二值数据常用数字波形来表示。使用数字波形可以使得数据比较直观,也便于使用示波器进行监视。图 1-3 表示某计数器的波形。

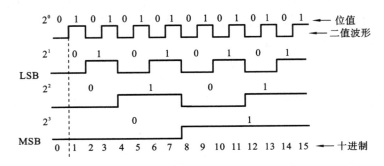

图 1-3 某计数器的波形

3. 八进制、十六进制

基数为 8 的数制为八进制,因此,在八进制中,进位规律是"逢八进一",表示数值的数字有 8 个,即 0~7。

基数为 16 的数制为十六进制,因此,在十六进制中,进位规律是"逢十六进一",十六进制表示数值的数字比较特殊,共有 16 个,包括 0~9 和 A~F,其中 A~F 分别对应十进制数的 10~15。

1.2.3 不同进制数之间的转换

计算机中存储数据和对数据进行运算采用的是二进制数,当把数据输入到计算机中,或者从计算机中输出数据时,要进行不同进制数之间的转换。

1. 二进制数转换成十进制数

例 1-1 将二进制数 10011.101 转换成十进制数。

解 将每一位二进制数乘以位权,然后相加,可得

$$(10011.101)_2 = 1 \times 2^4 + 0 \times 2^3 + 0 \times 2^2 + 1 \times 2^1 + 1 \times 2^0 + 1 \times 2^{-1} + 0 \times 2^{-2} + 1 \times 2^{-3}$$
$$= (19.625)_{10}$$

2. 十进制数转换成二进制数

(1) 用"除 2 取余"法将十进制数的整数部分转换成二进制数。

例 1-2 将十进制数 23 转换成二进制数。

解 根据"除 2 取余"法的原理,按如下步骤转换:

$$
\begin{array}{r|l}
2 & 23 \quad \cdots\cdots \quad 余\ 1 \quad b_0 \\
2 & 11 \quad \cdots\cdots \quad 余\ 1 \quad b_1 \\
2 & 5 \quad \cdots\cdots \quad 余\ 1 \quad b_2 \\
2 & 2 \quad \cdots\cdots \quad 余\ 0 \quad b_3 \\
2 & 1 \quad \cdots\cdots \quad 余\ 1 \quad b_4 \\
& 0
\end{array}
$$

读取次序

则
$$(23)_{10} = (10111)_2$$

(2) 用"乘 2 取整"法将十进制数的纯小数部分转换成二进制数。设二进制小数可写成

$$0.b_1 b_2 b_3 \cdots\cdots b_n$$

的形式,现欲将十进制小数 0.706 转换成二进制数(要求误差 $\leqslant 2^{-10}$,即取 $n=10$ 即可),转换方法如下:

第一步对 0.706 做乘 2 运算有

$$0.706 \times 2 = 1.412$$

取小数点前的整数部分 1(简称"取整")为二进制小数的第一位系数 b_1,即令

$$b_1 = 1$$

然后对第一步的结果做减 1 运算得

$$1.412 - 1 = 0.412$$

第二步对 0.412 做乘 2 运算有

$$0.412 \times 2 = 0.824$$

取小数点前的整数部分 0 为二进制小数的第二位系数 b_2,即取

$$b_2 = 0$$

第三步对 0.824 做乘 2 运算有

$$0.824 \times 2 = 1.648$$

且取整后有

$$b_3 = 1$$

如此反复"乘 2 取整"如下：

$$1.648 - 1 = 0.648$$
$$0.648 \times 2 = 1.296 \cdots\cdots b_4 = 1$$
$$0.296 \times 2 = 0.592 \cdots\cdots b_5 = 0$$
$$0.592 \times 2 = 1.184 \cdots\cdots b_6 = 1$$
$$0.184 \times 2 = 0.368 \cdots\cdots b_7 = 0$$
$$0.368 \times 2 = 0.736 \cdots\cdots b_8 = 0$$

做到第九步时的结果为

$$0.736 \times 2 = 1.472 \cdots\cdots b_9 = 1$$

做到第十步时的结果为

$$0.472 \times 2 = 0.944 \cdots\cdots b_{10} = 0$$

可以不写,或者直接由第九步的结果,小数部分为 $0.472 < 0.5$,乘 2 后,整数部分不会是 1,因此,$b_{10} = 0$,可直接省去不写;反之,若小数部分 $\geqslant 0.5$,b_{10} 一定等于 1,且不能省去。此谓"四舍五入"原则。

总之,最后有

$$(0.706)_{10} = (0.101101001)_2$$

且转换后的误差 $\leqslant 2^{-10}$。

3. 二进制数转换成十六进制数

由于十六进制基数为 16,而 $16 = 2^4$,因此,4 位二进制数就相当于 1 位十六进制数。

故可用"4 位分组"法将二进制数转换成十六进制数。

例 1-3　将二进制数 1001101.100111 转换成十六进制数。

解　$(1001101.100111)_2 = (0100\ 1101.1001\ 1100)_2 = (4D.9C)_{16}$

同理,若将二进制数转换成八进制数,可将二进制数分为 3 位一组,再将每组的 3 位二进制数转换成 1 位八进制数即可。

4. 十六进制数转换成二进制数

由于每 1 位十六进制数对应于 4 位二进制数,因此,十六进制数转换成二进制数,只要将每 1 位十六进制数转换成 4 位二进制数,按位的高低依次排列即可。

例 1-4　将十六进制数 6E.3A5 转换成二进制数。

解　$(6E.3A5)_{16} = (0110\quad 1110.0011\quad 1010\quad 0101)_2$

同理,若将八进制数转换成二进制数,只需将每 1 位八进制数转换成 3 位二进制数,按位的高低依次排列即可。

1.3　二进制代码

用二进制代码表示十进制数或其他特殊信息(如字母、符号等)的过程称为编码。编码在数字系统中经常使用,例如通过计算机键盘将命令、数据等输入后,首先将它们转换为二进制代码,然后才能进行信息处理。

1.3.1 二-十进制代码(BCD 码)

二-十进制代码是用 4 位二进制代码来表示 1 位十进制数的代码,简称为 BCD 码。常用的 BCD 码有 8421BCD 码、5421BCD 码和余 3 码等。

1. 8421BCD 码

8421BCD 码是最常用的一种十进制数编码,它是用 4 位二进制数 0000 到 1001 来表示 1 位十进制数,每一位都有固定的权。从左到右,各位的权依次为:2^3、2^2、2^1、2^0,即 8、4、2、1。可以看出,8421BCD 码对十进制数的 10 个数字符号的编码表示和二进制数中表示的方法完全一样,但不允许出现 1010 到 1111 这六种编码,因为没有相应的十进制数字符号与其对应。表 1-2 给出了 8421BCD 码和十进制数之间的对应关系。

表 1-2 8421BCD 码和十进制数之间的对应关系

十 进 制 数	8421BCD 码	十 进 制 数	8421BCD 码
0	0000	5	0101
1	0001	6	0110
2	0010	7	0111
3	0011	8	1000
4	0100	9	1001

例 1-5 将十进制数 1987.35 转换成 BCD 码。

解 $1987.35 = (0001\ 1001\ 1000\ 0111.0011\ 0101)_{BCD}$

2. 余 3 码

余 3 码也是用 4 位二进制数表示 1 位十进制数,但对于同样的十进制数,其表示比 8421BCD 码多 0011(3),所以叫余 3 码。余 3 码用 0011 到 1100 这十种编码表示十进制数的 10 个数字符号,余 3 码和十进制数之间的对应关系如表 1-3 所示。

表 1-3 余 3 码和十进制数之间的对应关系

十 进 制 数	余 3 码	十 进 制 数	余 3 码
0	0011	5	1000
1	0100	6	1001
2	0101	7	1010
3	0110	8	1011
4	0111	9	1100

余 3 码的表示不像 8421BCD 码那样直观,各位也没有固定的权。但余 3 码是一种对 9 的自补码,即将 1 个余 3 码按位变反,可得到其对 9 的补码,这在某些场合是十分有用的。2 个余 3 码也可直接进行加法运算,如果对应位的和小于 10,结果减 3 校正,如果对应位的和大于

9,可以加上3校正,最后结果仍是正确的余3码。

3. 5421BCD 码

5421BCD 码的最高位的权是5。

4. ASCII 码

ASCII 码是美国国家标准信息交换代码(American Standard Code for Information Interchange)的简称,是当前计算机中使用最广泛的一种字符编码,主要用来为英文字符编码。当用户将包含英文字符的源程序、数据文件、字符文件从键盘上输入到计算机中时,计算机接收并存储的就是 ASCII 码。计算机将处理结果送给打印机和显示器时,除汉字以外的字符一般也是用 ASCII 码表示的。

ASCII 码包含 52 个大、小写英文字母,10 个十进制数字字符,32 个标点符号、运算符号、特殊号,还有 34 个不可显示打印的控制字符编码,一共是 128 个编码,正好可以用 7 位二进制数进行编码。也有的计算机系统使用由 8 位二进制数编码的扩展 ASCII 码,其前 128 个是标准的 ASCII 码字符编码,后 128 个是扩充的字符编码。附录 A 给出了标准的 7 位 ASCII 码字符表。

1.3.2 可靠性编码

表示信息的代码在形成、存储和传送过程中,由于某些原因可能会出现错误。为了提高信息的可靠性,需要采用可靠性编码。可靠性编码具有某种特征或能力,使得代码在形成过程中不容易出错,或者在出错时能被发现,有的还能纠正错误。

1. 循环码

循环码又叫格雷码(Gray Code),具有多种编码形式,但都有一个共同的特点,就是任意两个相邻的循环码仅有一位编码不同。这个特点有着非常重要的意义。例如,4 位二进制计数器,在从 0101 变成 0110 时,最低两位都要发生变化,当最低两位不是同时变化时,如最低位先变,次低位后变,就会出现一个短暂的误码 0100。采用循环码表示时,因为只有一位发生变化,就可以避免出现这类错误。循环码是一种无权码,每一位都按一定的规律循环。表 1-4 所示的是 4 位循环码的编码表。可以看出,任意两个相邻的编码仅有一位不同,而且存在一个对称轴(在 7 和 8 之间),对称轴上边和下边的编码,除最高位是互补外,其余各个数位都是以对称轴为中线镜像对称的。

表 1-4 4 位循环码的编码表

十进制数	二进制数	循环码
0	0000	0000
1	0001	0001
2	0010	0011
3	0011	0010
4	0100	0110
5	0101	0111
6	0110	0101
7	0111	0100
8	1000	1100
9	1001	1101
10	1010	1111
11	1011	1110
12	1100	1010
13	1101	1011
14	1110	1001
15	1111	1000

2. 奇偶校验码

为了提高存储和传送信息的可靠性,广泛使用一种称为校验码的编码。校验码是将有效信息位和校验位按一定的规律编成的码。校验位是为了发现和纠正错误添加的冗余信息位。在存储和传送信息时,将信息按特定的规律编码,在读出和接收信息时,按同样的规律检测,看规律是否破坏,从而判断是否有错。目前使用最广泛的是奇偶校验码和循环冗余校验码。奇偶校验码是一种最简单的校验码,它的编码规律是在有效信息位上添加一位校验位(一般加在最低或最高位),使编码中 1 的个数是奇数或偶数。编码中 1 的个数是奇数的称为奇校验码,1 的个数是偶数的称为偶校验码。ASCII 码、奇偶校验码与十进制数之间的对应关系,如表 1-5 所示。

表 1-5 ASCII 码、奇偶校验码与十进制数之间的对应关系

十 进 制 数	ASCII 码	奇 校 验 码	偶 校 验 码
0	0110000	10110000	00110000
1	0110001	00110001	10110001
2	0110010	00110010	10110010
3	0110011	10110011	00110011
4	0110100	00110100	10110100
5	0110101	10110101	00110101
6	0110110	10110110	00110110
7	0110111	00110111	10110111
8	0111000	00111000	10111000
9	0111001	10111001	00111001

奇偶校验码在编码时可根据有效信息位中 1 的个数决定添加的校验位是 1 还是 0,校验位可添加在有效信息位的前面,也可以添加在有效信息位的后面。表 1-5 给出了数字 0 到 9 的 ASCII 码的奇校验码和偶校验码,校验位添加在 ASCII 码的前面。在读出和接收到奇偶校验码时,检测编码中 1 的个数是否符合奇偶规律,如不符合则是有错。奇偶校验码可以发现错误,但不能纠正错误。当出现偶数个错误时,奇偶校验码也不能发现错误。

习　题　1

1-1　什么是数字信号? 什么是模拟信号?

1-2　指出下列器件属于何种集成度器件。

(1) 微处理器; (2) IC 计算器; (3) IC 加法器; (4) 逻辑门; (5) 4MB(兆位)存储器 IC。

1-3　将下列十进制数转换为二进制数、十六进制数和 8421BCD 码(要求转换误差不大于 2^{-4})。

(1) 43; (2) 127; (3) 254.25; (4) 2.718。

1-4　将下列二进制数转换为十六进制数。

(1) 101001B; (2) 11.01101B。

1-5　将下列十进制数转换为十六进制数。

(1) 500D; (2) 59D; (3) 0.34D; (4) 1002.45D。

第2章 基本逻辑门电路

分析和设计数字逻辑电路的基础是逻辑函数。逻辑函数表示了逻辑电路的基本逻辑关系。用于实现基本逻辑关系的电子电路统称为逻辑门电路。常用的逻辑门电路就逻辑功能而言可分为与门、或门、与非门、或非门、与或非门、异或门等。本章将简单介绍基本逻辑运算和常用基本逻辑门内部电路,特别是其外部特性,力求使读者能正确而有效地了解和掌握集成逻辑门电路的基本原理。

2.1 基本逻辑运算

在二值逻辑中,最基本的逻辑有与逻辑、或逻辑、非逻辑三种。图 2-1 是日常生活中常见的用开关控制灯亮与灯灭的电路图,只有当开关 S_1、S_2 全闭合时,灯才亮。由图 2-1 可以得出以下因果关系:只有当决定某一事件(如灯亮)的条件(如开关全部闭合)全部具备时,这一事件(如灯亮)才会发生。称这种因果关系为与逻辑关系。

将图 2-1 中的开关 S_1、S_2 改为如图 2-2 所示的形式,则只要开关 S_1 或 S_2 有一个闭合,或者两者都闭合,灯就会亮。于是可得出另一因果关系:只要在决定某一事件的各种条件中,有一个或几个条件同时具备时,这一事件就可以发生。称这种因果关系为或逻辑关系。

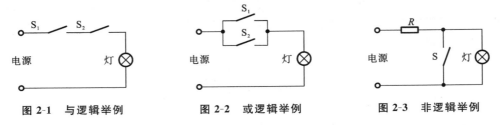

图 2-1 与逻辑举例   图 2-2 或逻辑举例   图 2-3 非逻辑举例

再看如图 2-3 所示电路,当开关 S 闭合时,灯灭;反之,当开关 S 断开时,灯亮。由此可以看出,开关闭合是灯亮的条件。电路中,事件发生的条件具备时,事件不发生;反之,事件发生的条件不具备时,事件却发生。称这种因果关系为非逻辑关系。

2.1.1 与、或、非逻辑运算

上述三种基本逻辑可以用所谓的逻辑代数来描述。在逻辑代数中用字母 A、B、C……来表示逻辑变量,这些逻辑变量在二值逻辑中只有 0 或 1 两种取值,它们代表逻辑变量的两种不同状态。例如上述举例中,用 A、B 作为开关 S_1、S_2 的状态变量,取值 1 表示开关闭合,取值 0 表示开关断开;以 P 作为灯的状态变量,同样取值 1 表示灯亮,取值 0 表示灯灭。用状态变量及其取值可以列出表示与、或、非三种基本逻辑关系的图表,分别如表 2-1、表 2-2、表 2-3 所示。

该表称为逻辑真值表,也简称为真值表。

表 2-1	与逻辑真值表		
A	B	P	
0	0	0	
0	1	0	
1	0	0	
1	1	1	

表 2-2	或逻辑真值表		
A	B	P	
0	0	0	
0	1	1	
1	0	1	
1	1	1	

表 2-3	非逻辑真值表	
A	P	
0	1	
1	0	

这三种基本逻辑关系,可以用数学表达式描述成:

1. 与逻辑(逻辑乘)

$$P = A \cdot B \tag{2-1}$$

在逻辑代数中,将与逻辑称为与运算或逻辑乘,取"·"符号为逻辑乘的运算符号,在不致混淆的情况下,也可将"·"符号省略,写成 $P=AB$。也有采用 ∧、∩ 及 & 等符号来表示相与。

由表 2-1 可推出逻辑乘的一般形式为:

$$A \cdot 1 = A \tag{2-2}$$
$$A \cdot 0 = 0 \tag{2-3}$$
$$A \cdot A = A \tag{2-4}$$

2. 或逻辑(逻辑加)

$$P = A + B \tag{2-5}$$

在逻辑代数中,将或逻辑称为或运算或逻辑加,取"+"符号为逻辑加的运算符号。也有采用 ∨、∪ 等符号来表示相或。

由表 2-2 可推出逻辑加的一般形式为:

$$A + 0 = A \tag{2-6}$$
$$A + 1 = 1 \tag{2-7}$$
$$A + A = A \tag{2-8}$$

3. 非逻辑(逻辑非)

$$P = \overline{A} \tag{2-9}$$

读作"A 非"或"非 A"。由表 2-3 可以推出逻辑非的一般形式为:

$$\overline{\overline{A}} = A \tag{2-10}$$
$$A + \overline{A} = 1 \tag{2-11}$$
$$A \cdot \overline{A} = 0 \tag{2-12}$$

在数字逻辑电路中,通常使用逻辑符号图形来表示上述三种基本逻辑关系,与、或、非逻辑运算的逻辑符号如图 2-4 所示。

本书采用国标符号。

2.1.2 其他逻辑运算

在逻辑代数中,除最基本的与、或、非三种运算外,还常采用一些复合逻辑运算。

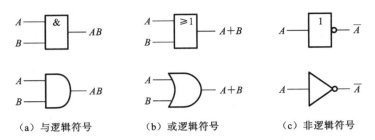

（a）与逻辑符号　　　（b）或逻辑符号　　　（c）非逻辑符号

图 2-4　与、或、非逻辑运算的逻辑符号

1. 与非逻辑

与非逻辑是与逻辑运算和非逻辑运算的复合,它是将输入变量先进行与运算,再进行非运算。其表达式为:

$$P = \overline{A \cdot B} \tag{2-13}$$

与非逻辑真值表如表 2-4 所示。由真值表可见,对于与非逻辑,只要输入变量中有一个为 0,输出就为 1。或者说,只有输入变量全部为 1 时,输出才为 0。其逻辑符号如图 2-5(a)所示。

表 2-4　与非逻辑真值表

A	B	P
0	0	1
0	1	1
1	0	1
1	1	0

表 2-5　或非逻辑真值表

A	B	P
0	0	1
0	1	0
1	0	0
1	1	0

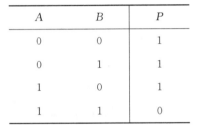

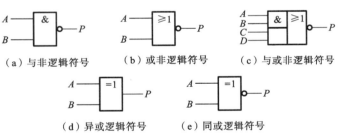

（a）与非逻辑符号　　　（b）或非逻辑符号　　　（c）与或非逻辑符号

（d）异或逻辑符号　　　（e）同或逻辑符号

图 2-5　复合逻辑运算的逻辑符号

2. 或非逻辑

或非逻辑是或逻辑运算和非逻辑运算的复合,它将输入变量先进行或运算,再进行非运算。其表达式为:

$$P = \overline{A + B} \tag{2-14}$$

或非逻辑真值表如表 2-5 所示。由真值表可见,对于或非逻辑,只要输入变量中有一个为 1,输出就为 0。或者说,只有输入变量全部为 0,输出才为 1。其逻辑符号如图 2-5(b)所示。

3. 与或非逻辑

与或非逻辑是与逻辑运算和或非逻辑运算的复合,它是先将输入变量 A、B 及 C、D 进行与运算,再进行或非运算。其表达式为:

$$P=\overline{A \cdot B+C \cdot \overline{D}} \tag{2-15}$$

与或非逻辑真值表如表 2-6 所示。其逻辑符号如图 2-5(c)所示。

4. 同或逻辑和异或逻辑

同或逻辑和异或逻辑是只有两个输入变量的函数。

只有当两个输入变量 A 和 B 的取值相同时,输出 P 才为 1,否则 P 为 0,这种逻辑关系叫作同或。记为:

$$P=A \odot B=\overline{A}\,\overline{B}+AB \tag{2-16}$$

"$\odot$"符号是同或运算符号。同或逻辑真值表如表 2-7 所示。其逻辑符号如图 2-5(e)所示。由其真值表可以推出同或运算的一般形式为:

$$A \odot 0=\overline{A} \tag{2-17}$$
$$A \odot 1=A \tag{2-18}$$
$$A \odot \overline{A}=0 \tag{2-19}$$
$$A \odot A=1 \tag{2-20}$$

只有当两个输入变量 A 和 B 的取值相异时,输出 P 才为 1,否则 P 为 0,这种逻辑关系叫作异或。记为:

$$P=A \oplus B=A\overline{B}+\overline{A}B \tag{2-21}$$

"$\oplus$"是异或运算符号。异或逻辑真值表如表 2-8 所示。其逻辑符号如图 2-5(d)所示。由其真值表可以推出异或运算的一般形式为:

$$A \oplus 0=A \tag{2-22}$$
$$A \oplus 1=\overline{A} \tag{2-23}$$
$$A \oplus \overline{A}=1 \tag{2-24}$$
$$A \oplus A=0 \tag{2-25}$$

表 2-6　与或非逻辑真值表

A	B	C	D	P
0	0	0	0	1
0	0	0	1	1
0	0	1	0	1
0	0	1	1	0
0	1	0	0	1
0	1	0	1	1
0	1	1	0	1
0	1	1	1	0
1	0	0	0	1
1	0	0	1	1
1	0	1	0	1
1	0	1	1	0
1	1	0	0	0
1	1	0	1	0
1	1	1	0	0
1	1	1	1	0

表 2-7　同或逻辑真值表

A	B	P
0	0	1
0	1	0
1	0	0
1	1	1

表 2-8　异或逻辑真值表

A	B	P
0	0	0
0	1	1
1	0	1
1	1	0

由以上分析可见,同或与异或逻辑正好相反,因此有

$$A \odot B = \overline{A \oplus B} \tag{2-26}$$

$$A \oplus B = \overline{A \odot B} \tag{2-27}$$

有时也将同或逻辑称为异或非逻辑。

对于两变量来说,若两变量的原变量同或,则两变量的反变量也同或;若两变量的原变量异或,则两变量的反变量也异或。因此,由同或逻辑和异或逻辑的定义可以得到

$$A \odot B = \overline{A} \odot \overline{B} \tag{2-28}$$

$$A \oplus B = \overline{A} \oplus \overline{B} \tag{2-29}$$

另外,若变量 A 和变量 B 同或,则 $\overline{A}$ 必与 B 异或,A 与 $\overline{B}$ 也异或;若变量 A 和变量 B 异或,则 $\overline{A}$ 必与 B 同或,$\overline{B}$ 与 A 也同或。因此又有

$$A \odot B = \overline{A} \oplus B = A \oplus \overline{B} \tag{2-30}$$

$$A \oplus B = \overline{A} \odot B = A \odot \overline{B} \tag{2-31}$$

2.1.3 逻辑函数

实际应用中,上述基本逻辑运算很少单独出现,经常是以这些基本逻辑运算构成一些复合逻辑函数。例如,图 2-6 为楼道里"单刀双掷"开关控制楼道灯亮与灯灭的示意图。A 表示楼上开关,B 表示楼下开关,两个开关的上接点分别为 a 和 b,下接点分别为 c 和 d。在楼下时,可以闭合开关 B,开灯,照亮楼梯;到楼上后,可以断开开关 A,关灯。可用数学方法来描述该电路,设逻辑变量 P 表示灯的亮和灭,取 $P=1$ 表示灯亮,$P=0$ 表示灯灭;开关 A 和 B 接到上接点(a、b 点)时输入为 1,接到下接点(c、d 点)时输入为 0。于是可以列出 A、B 的不同取值组合及所对应的 P 值,如表 2-9 所示。该表称为逻辑函数 P 的真值表。

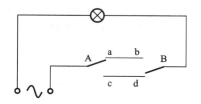

图 2-6 楼道里开关控制灯亮与灯灭的示意图

表 2-9 逻辑函数 P 的真值表

A	B	P
0	0	1
0	1	0
1	0	0
1	1	1

真值表的左边部分列出所有输入信号的全部组合。如果有 n 个输入变量,由于每个输入变量只有两种可能的取值,因此一共有 2^n 个组合。右边部分列出每种输入组合下相对应的输出。由真值表可以很方便地写出输出变量的函数表达式。其方法是,先把每个输出变量 $P=1$ 的相对应的一组输入变量(A,B,C,…)组合状态以逻辑乘形式表示(用原变量表示变量取值 1,反变量表示变量取值 0),再将所有 $P=1$ 的逻辑乘进行逻辑加,可得出 P 的逻辑函数表达式,这种表达式又称为与或表达式,也称为积之和式。

例如在表 2-9 中,对应于 $P=1$ 的输入变量组合有 $A=0$、$B=0$,用逻辑乘 $\overline{A}\,\overline{B}$ 来表示;还有 $A=1$、$B=1$,用逻辑乘 AB 来表示。将所有 $P=1$ 的逻辑乘进行逻辑加,得到逻辑函数表达式为 $P=\overline{A}\,\overline{B}+AB$。这个表达式描述了楼道灯开关和楼道灯之间的逻辑功能。

例 2-1 设 A、B、C 为三个输入信号,当三个输入信号中有两个或两个以上为高电平时,

输出高电平；其余情况下，均输出低电平。列出真值表，并写出逻辑函数表达式。

解 A、B、C 三个输入信号一共有 8 种可能的取值组合，即 000、001、010、011、100、101、110、111。将这 8 种组合列于表的左边部分。同时以 P 取值为 1 表示高电平，P 取值为 0 表示低电平，则根据问题的要求，可得到如表2-10所示的真值表。

由真值表可见，$P=1$ 的输入变量组合有 ABC 为 011、101、110、111 共四组，于是能写出输出 P 的积之和式为：

$$P=\overline{A}BC+A\overline{B}C+AB\overline{C}+ABC$$

表 2-10 例 2-1 的真值表

A	B	C	P
0	0	0	0
0	0	1	0
0	1	0	0
0	1	1	1
1	0	0	0
1	0	1	1
1	1	0	1
1	1	1	1

2.1.4 正负逻辑

在数字电路中，常常用 H 和 L 分别表示高、低电平。若令 H＝1、L＝0，则称之为正逻辑体制；相反，如果令 H＝0、L＝1，则称之为负逻辑体制。本书一律采用正逻辑体制。

例如，如图 2-7 所示的共射电路中，输入信号为 v_I，输出信号为 v_O。当输出信号为高电平时，v_O 用逻辑 1 表示；当输出信号为低电平时，v_O 用逻辑 0 表示，则该体制为正逻辑。反之，当输出信号为高电平时，v_O 用逻辑 0 表示；当输出信号为低电平时，v_O 用逻辑 1 表示，则该体制为负逻辑。

正、负逻辑体制之间是可以相互转换的。以与非逻辑的正、负逻辑体制之间的转换为例，与非逻辑功能表如表 2-11 所示。表 2-12 和表 2-13 分别为与非逻辑正真值表和负真值表。由表 2-12 可以写出与非逻辑的正逻辑函数：$P=\overline{AB}$；由表 2-13 则可以写出与非逻辑的负逻辑函数：

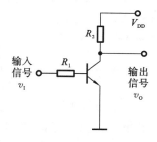

图 2-7 共射电路

$$P=\overline{A}\,\overline{B}=\overline{A+B}.$$

正逻辑体制中的与非逻辑在负逻辑体制中变成了或非逻辑。

表 2-11 与非逻辑功能表

A	B	P
L	L	H
L	H	H
H	L	H
H	H	L

表 2-12 与非逻辑正真值表

A	B	P
0	0	1
0	1	1
1	0	1
1	1	0

表 2-13 与非逻辑负真值表

A	B	P
1	1	0
1	0	0
0	1	0
0	0	1

2.2 分立元件门电路

2.2.1 二极管与门电路

三个二极管组成的与门电路，如图 2-8(a)所示，A、B、C 是三个输入，P 为输出，图 2-8(b)

为其逻辑符号。二极管与门电路的真值表如表 2-14 所示。由表看出,只有当 A、B、C 三个输入全部是高电平时,输出才为高电平,否则即为低电平。与逻辑可用逻辑式 $P=ABC$ 表示,它的运算规则为"有 0 出 0,全 1 出 1",符合与门真值表的规定。

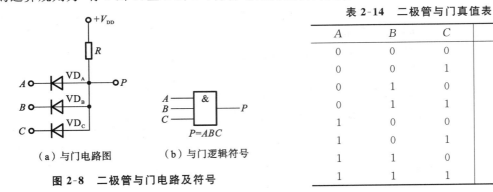

图 2-8　二极管与门电路及符号

（a）与门电路图　　（b）与门逻辑符号

表 2-14　二极管与门真值表

A	B	C	P
0	0	0	0
0	0	1	0
0	1	0	0
0	1	1	0
1	0	0	0
1	0	1	0
1	1	0	0
1	1	1	1

与门的任意一个输入端都可作为使能(Enable)端使用。使能端有时也称为允许输入端或禁止端。例如,以 C 为使能端信号,A、B 为信号端信号,则当 $C=0$ 时,$P=0$,即与门被封锁,信号 A 和 B 无法通过与门。只有当 $C=1$(封锁条件去除)时,有 $P=A\cdot B$,与门的输出才反映输入信号 A 与 B 的逻辑关系。

2.2.2　二极管或门电路

图 2-9(a)所示为三个二极管组成的或门电路。可以看出 A、B、C 三个输入中只要有一个是高电平,则该电路二极管导通,输出 P 被箝制在高电平;只有当 A、B、C 都是低电平,输出 P 才是低电平。二极管或门真值表如表 2-15 所示。或逻辑可用逻辑式 $P=A+B+C$ 表示,它的运算规则为"有 1 出 1,全 0 出 0",符合或门真值表的规定。或门逻辑符号如图 2-9(b)所示。

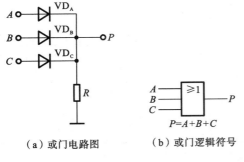

（a）或门电路图　　（b）或门逻辑符号

图 2-9　二极管或门电路及符号

表 2-15　二极管或门真值表

A	B	C	P
0	0	0	0
0	0	1	1
0	1	0	1
0	1	1	1
1	0	0	1
1	0	1	1
1	1	0	1
1	1	1	1

2.2.3　三极管非门电路

图 2-10(a)是一个三极管非门电路,也叫作三极管反相器。它的输出端的状态总是与输入端的状态相反,呈反相关系。非门逻辑符号如图 2-10(b)所示,它们的逻辑关系可用逻辑式 $P=\overline{A}$ 表示。三极管非门真值表如表 2-16 所示。

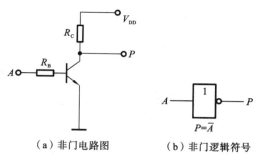

（a）非门电路图　　　（b）非门逻辑符号

图 2-10　三极管非门电路及符号

表 2-16　三极管非门真值表

A	P
0	1
1	0

2.3　TTL 集成门电路

TTL 电路是晶体管-晶体管逻辑电路的简称。由于 TTL 集成电路的生产工艺成熟、产品参数稳定、工作性能可靠、开关速度快而得到广泛的应用。但这种电路的功耗大、线路较复杂，使其集成度受到一定的限制，因此常应用于中小规模逻辑电路中。

2.3.1　TTL 非门电路

TTL 门电路中最典型的基本电路是 TTL 与非门电路，以下首先介绍 TTL 非门电路。图 2-11(a)是典型的 TTL 非门电路图，其逻辑符号如图 2-11(c)所示。

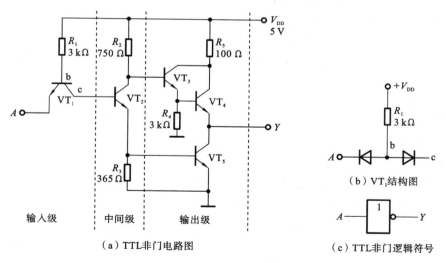

（a）TTL非门电路图　　　（b）VT_1结构图

（c）TTL非门逻辑符号

图 2-11　TTL 非门电路结构图及符号

1. TTL 非门的电路结构

双极性 TTL 非电路由输入级、中间级和输出级三部分组成。

（1）输入级。

由晶体管 VT_1 和电阻 R_1 构成输入级，晶体管 VT_1 的采用是提高非门工作速度的关键措施。

（2）中间级。

由晶体管 VT_2 和电阻 R_2、R_3 构成中间级，该级起倒相放大作用。由 VT_2 的集电极和发射极分别送出两路大小相等、相位相反的驱动信号。例如，当 VT_2 截止时，其集电极输出相对高电平，发射极输出相对低电平；当 VT_2 导通时，集电极、发射极输出的相对电平正好与前面相反。用来控制输出级晶体管 VT_4、VT_5 的工作状态。

（3）输出级。

由晶体管 VT_3、VT_4、VT_5 和电阻 R_4、R_5 构成输出级。其中：VT_5 为输出管，构成反相器（对输入级的输出变量而言）；VT_3、VT_4 组成复合管，作为 VT_5 的有源负载。在正常工作时，VT_4 和 VT_5 总是一个截止而另一个饱和，VT_3、VT_4、VT_5 共同组成推挽式输出级。这种输出电路无论输出为高电平还是低电平，输出电阻都很低，故 TTL 非门带负载的能力很强，同时还可以有效提高工作速度。

2. TTL 非门的工作原理

讨论工作原理时不要忘记：三极管是由两个背靠背的二极管所构成的，如图 2-11(b)所示，并设二极管导通电压为 0.7 V。

（1）当输入端接低电平 $v_{IL}=0.3$ V 时，VT_1 的发射极正偏导通，将 VT_1 的基极电位被箝位在：

$$v_{B1}=V_{BE1}+v_{IL}=0.7 \text{ V}+0.3 \text{ V}=1 \text{ V}$$

该电压不足以使 VT_1 的集电结和 VT_2、VT_5 的发射结同时正偏，因此 VT_2、VT_5 截止。而 VT_1 集电极电阻为 R_3 与 VT_2 发射结反向电阻之和，其阻值非常大，因而 VT_1 工作在深度饱和状态，且 VT_1 集电极为低电平。

为使 VT_1 的集电结、VT_2 和 VT_5 的发射结同时导通，v_{B1} 至少应等于 2.1 V。而现在 $v_{B1}<2.1$ V，所以，VT_2 和 VT_5 必然截止，$i_{C2}\approx 0$，R_2 上的电流很小，R_2 的电压降也很小，因此有：

$$v_{C2}=V_{DD}-V_{R2}\approx 5 \text{ V}$$

该电压足以使 VT_3 和 VT_4 正向导通。输出 Y 为高电平，其值为：

$$v_O=V_{OH}\approx v_{C2}-V_{BE3}-V_{BE4}=5 \text{ V}-0.7 \text{ V}-0.7 \text{ V}=3.6 \text{ V} \tag{2-32}$$

结论：当电路输入端接低电平时，输出为高电平。

（2）当输入端接高电平 $v_{IH}=3.6$ V 时，VT_1 的基极电位 v_{B1} 上升为 4.3 V，该电压足以使 VT_1 的 bc 结和 VT_2、VT_5 的 be 结同时正偏，因此 VT_2、VT_5 导通饱和。一旦 VT_1 的集电结、VT_2 和 VT_5 的发射结同时正偏，v_{B1} 被箝位在：

$$v_{B1}=V_{BC1}+V_{BE2}+V_{BE5}=0.7 \text{ V}+0.7\text{V}+0.7\text{V}=2.1\text{V}$$

VT_1 的集电极电压为：

$$v_{C1}=V_{BE2}+V_{BE5}\approx 0.7 \text{ V}+0.7 \text{ V}=1.4 \text{ V}$$

而 VT_1 的发射极电压为：

$$v_{E1}=v_{IH}=3.6 \text{ V}$$

此时，VT_1 的集电极电压小于发射极电压，称 VT_1 处于倒置放大状态。

VT_2 的集电极电位为：

$$v_{C2}=V_{CE2(sat)}+V_{BE5}\approx 0.3 \text{ V}+0.7 \text{ V}=1 \text{ V}$$

由于 R_4 的存在，VT_3 导通，那么 VT_4 的基极和发射极电位分别为：

$$v_{B4} = V_{E4} \approx V_{C2} - V_{BE3} = 1\ \text{V} - 0.7\ \text{V} = 0.3\ \text{V}$$

$$v_{E4} = V_{CE5(sat)} \approx 0.3\ \text{V}$$

VT_4 的发射极偏压 $v_{BE4} = v_{B4} - v_{E4} = 0.3\ \text{V} - 0.3\ \text{V} = 0\ \text{V}$，$VT_4$ 处于截止状态。在 VT_4 截止、VT_5 饱和的情况下，输出 Y 为低电平，其值为：

$$v_O = V_{OL} = V_{CE5(sat)} = 0.3\ \text{V} \tag{2-33}$$

结论：当电路输入端接高电平时，输出为低电平。

综上所述，当电路输入端接低电平时，输出为高电平；当电路输入端接高电平时，输出为低电平。由此可见，该电路的输出和输入之间满足非逻辑关系，即

$$Y = \overline{A}$$

TTL 非门真值表如表 2-17 所示。

表 2-17　TTL 非门真值表

A	Y
0	1
1	0

（3）输入端悬空时，VT_1 的发射极电流为零，V_{DD} 通过 R_1 使 VT_1 的集电结以及 VT_2 和 VT_5 的发射结同时导通，VT_2、VT_5 处于饱和状态，VT_3、VT_4 处于截止状态。显然有

$$v_O = V_{CE5(sat)} = 0.3\ \text{V}$$

可见输入端悬空和输入端接高电平时，该电路的工作状态完全相同，所以，TTL 电路的输入端悬空，可以等效地看作输入端接入了逻辑高电平。

需要注意的是，实际电路中输入端悬空易引入干扰，所以输入端一般不悬空，应作相应处理，例如可以通过一电阻接 V_{DD}，相当于接入高电平。

3. 推挽输出电路和晶体管 VT_1 的作用

（1）采用推挽输出电路可以加速 VT_5 存储电荷的消散。

当 VT_5 由饱和转为截止时，VT_3 和 VT_4 导通。由于 VT_3、VT_4 是复合射随电路，相当于 VT_5 集电极只有很小的电阻，此时电流很大，从而加速了 VT_5 脱离饱和的速度，使 VT_5 迅速截止。

（2）输入级 VT_1 的引入将大大缩短 VT_2 和 VT_5 的开关时间。

当输入端为高电位时，VT_1 处于倒置工作状态。此时 VT_1 向 VT_2 提供了较大的基极电流，使 VT_2 和 VT_5 迅速导通饱和。而当输入端由高电平变为低电平的瞬间，v_{C1} 仍为 1.4 V，此时 VT_1 处于线性放大工作状态，该瞬间将产生很大的集电极电流，流过 VT_2 和 VT_5 的发射结，使 VT_2 和 VT_5 基区的存储电荷迅速消散，从而加快了 VT_2 和 VT_5 的截止过程，提高了开关速度。

同时需要注意的是，使用 TTL 器件时，输出端不能直接与地线或电源线（+5 V）相连。因为当输出端与地短路时，会造成 VT_3、VT_4 的电流过大而损坏；当输出端与 +5 V 电源线短接时，VT_5 会因电流过大而损坏。

2.3.2　TTL 与非门的电路结构

将 TTL 非门输入级的晶体管 VT_1 使用多发射极晶体管，便构成多输入端的 TTL 与非门电路。如 VT_1 采用三发射极晶体管，便构成三输入 A、B、C 的与非门，如图 2-12(a) 所示，其逻辑符号如图 2-12(b) 所示。

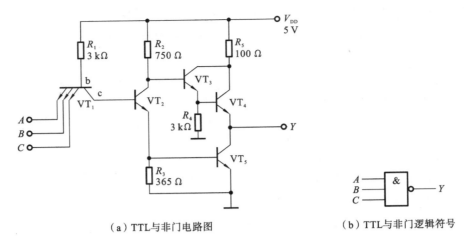

（a）TTL与非门电路图　　　　　（b）TTL与非门逻辑符号

图 2-12　TTL 与非门电路及符号

三发射极晶体管 VT_1 等效于有三个独立发射结而基极和集电极分别并联在一起的晶体管，其结构图如图 2-13(a)所示。由图可见，三个发射结构成与门，从而实现对输入量 A、B、C 的与运算（见图 2-13(b)），其后电路同 TTL 非门。TTL 与非门真值表如表 2-18 所示，其逻辑表达式为：

$$Y = \overline{ABC}$$

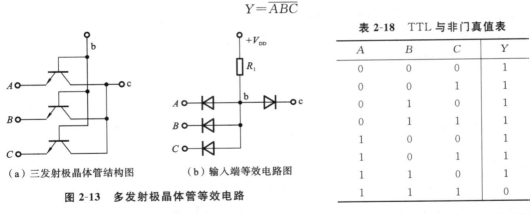

（a）三发射极晶体管结构图　　（b）输入端等效电路图

图 2-13　多发射极晶体管等效电路

表 2-18　TTL 与非门真值表

A	B	C	Y
0	0	0	1
0	0	1	1
0	1	0	1
0	1	1	1
1	0	0	1
1	0	1	1
1	1	0	1
1	1	1	0

需要注意的是，实际应用中，有些输入端可能不用而悬空，输入端悬空易引入干扰，所以不用的输入端一般不悬空，应作相应处理，例如可以通过一电阻接 V_{DD}，相当于接入高电平使与门打开。此外，使用 TTL 器件时，输出端不能直接与地线或电源线（＋5 V）相连。因为当输出端与地短路时，会造成 VT_3、VT_4 的电流过大而损坏；当输出端与＋5 V 电源线短接时，VT_5 管会因电流过大而损坏。

2.3.3　TTL 与非门的主要技术参数

1. TTL 与非门的电压传输特性

电压传输特性表示 TTL 与非门的输出电平随输入电平的变化特性。它既反映该门电路饱和与截止的稳态情况，又反映状态的变化（即转折）情况。TTL 与非门的电压传输特性曲线如图 2-14 所示。图中曲线大致可分成 4 段：ab、bc、cd 和 de。

（1）ab 段。$V_I < 0.6$ V 以前（即为低电平），VT_1 饱和导通，VT_2、VT_5 截止，VT_3、VT_4 导通，输出电压 V_O 为高电平，即 $V_{OH} = 3.6$ V，此段为特性曲线的截止区。在此区域与非门处于关闭状态，即输入低电平，输出高电平的状态。

（2）bc 段。输入电压 V_I 大于 0.6 V，但仍低于 1.3 V 时，输入超过标准的低电平，VT_2 先导通，但 VT_5 仍处于截止状态，且 VT_2 处于放大区，这时的 VT_3、VT_4 仍为导通状态，故 V_{C2} 和 V_O 都随 V_I 的升高而线性下降。此段为特性曲线的线性区。

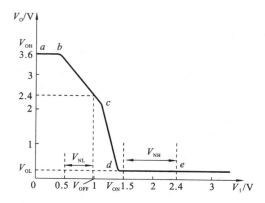

图 2-14　TTL 与非门的电压传输特性曲线

（3）cd 段。输入电压 $V_I \approx 1.4$ V，致使 VT_5 也变为导通状态，输出电压 V_O 急剧下降为低电平，此段为特性曲线的转折区。转折区中间对应的输入电压称为门限电压 $V_{I(th)}$。

（4）de 段。输入电压 V_I 继续升高，因 V_{C1} 继续升高，V_{C2} 过低而使 VT_3、VT_4 截止，输出电压 V_O 完全由 VT_5 的饱和压降决定，不再降低，此段为特性曲线的饱和区。在饱和区与非门呈开启状态，相应的输出为低电平，即 $V_{OL} \approx 0.3$ V。

2. TTL 与非门的主要参数

为了正确地选择和使用 TTL 与非门，应对其主要参数有一定的了解。下面简要介绍这些参数。

（1）标称逻辑电平。

在逻辑门电路中，通常用 1 表示高电平，0 表示低电平，这种表示逻辑 1 和逻辑 0 的理想电平值，称为标称逻辑电平，TTL 与非门电路的标称逻辑电平分别为：$V(1) = 5$ V，$V(0) = 0$ V。

（2）输出高电平 V_{OH} 和输出低电平 V_{OL}。

当输入端中任何一个接低电平时的输出电压值叫作输出高电平 V_{OH}。不同型号的 TTL 与非门，其内部结构有所不同，故其 V_{OH} 也不一样。即使同一个与非门，其 V_{OH} 也随负载的变化表现出不同的数值。其典型值为 3.6 V，最小值规定为 2.4 V。对应电压传输特性上的 ab 段。

当输入端全部接高电平时的输出电压值叫作输出低电平 V_{OL}。其典型值为 0.3 V，最大值为 0.4 V，对应电压传输特性上的 de 段。

（3）输入高电平 V_{IH} 和输入低电平 V_{IL}。

V_{IH} 是与逻辑 1 对应的输入电平，其典型值是 3.6 V；V_{IL} 是与逻辑 0 对应的输入电平，其典型值是 0.3 V。

（4）开门电平 V_{ON} 和关门电平 V_{OFF}。

实际门电路中，高电平或低电平都不可能是标称逻辑电平，而是处在偏离这一标称值的一个范围内。图 2-14 中，当输入电平在 0 V 至 V_{OFF} 范围内都表示逻辑值 0；当输入电平在 V_{ON} 至 5 V 范围内都表示逻辑值 1，此时电路都能实现正常的逻辑功能。称 V_{OFF} 为关门电平，是表示逻辑值 0 的输入电平的最大值；称 V_{ON} 为开门电平，是表示逻辑值 1 的输入电平的最小值。

一般情况下,TTL 与非门的 $V_{\text{ON}}=0.8\text{ V}$, $V_{\text{OFF}}=1.8\text{ V}$。这说明当输入信号电平受到干扰而使高电平下降或低电平升高时,只要高电平不下降到 1.8 V 以下,低电平不升高到 0.8 V 以上,门电路仍能保持正常工作。可见 V_{ON} 和 V_{OFF} 是使 TTL 与非门能够进入逻辑 0 态和逻辑 1 态时的输入电压的临界值,它们可以反映电路的抗干扰能力。

(5) 空载导通功耗 P_{ON}。

P_{ON} 为与非门未接负载时所消耗的电源功率。其值为电源电压和与非门总电流之乘积,即 $P_{\text{ON}}=V_{\text{CC}}I_{\text{C}}$

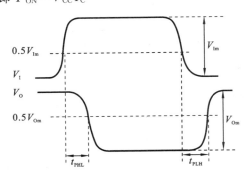

图 2-15　TTL 与非门的传输延迟时间

(6) 平均传输延迟时间 t_{pd}。

TTL 与非门的传输延迟时间如图 2-15 所示,从输入波形的上升沿 50% 处到输出波形下降沿 50% 处的时间间隔称为导通传输时间 t_{PHL};从输入波形的下降沿 50% 处到输出波形上升沿 50% 处的时间间隔称为截止传输时间 t_{PLH}。t_{PHL} 与 t_{PLH} 的平均值则称为平均传输延迟时间 t_{pd}。t_{pd} 是一个反映门电路工作速度的重要参数。平均传输延迟时间越小,门电路的响应速度越快,工作频率越高。不同的 TTL 电路产品,其具体参数不同,使用时以产品手册上给出的基本参数为依据。

(7) 干扰容限(V_{NH} 和 V_{NL})。

实际应用中,由于外界干扰、电源波动等原因,可能使门电路的输入电平偏离规定值。严重时可导致电路输入、输出之间发生错误逻辑关系,破坏了门电路的正常工作。为了保证电路可靠工作,应对干扰的幅度有一定限制。一般规定不至于造成错误逻辑关系的最大允许干扰电压的幅值为干扰容限,也称作噪声容限。

干扰容限描述了门电路抗干扰能力的强弱。干扰容限有低电平干扰容限和高电平干扰容限之分。

低电平干扰容限记作 V_{NL}。其值一般为:$V_{\text{NL}}=V_{\text{OFF}}-V_{\text{IL}}$;

高电平干扰容限记作 V_{NH}。其值一般为:$V_{\text{NH}}=V_{\text{IH}}-V_{\text{ON}}$。

由 TTL 与非门的电压传输特性曲线(见图 2-14)可以看出,V_{NL} 和 V_{NH} 愈接近,与非门的抗干扰能力就愈强。

(8) 输入短路电流 I_{IS}。

当某一输入端接地,其余输入悬空时,流入接地输入端的电流称为输入短路电流 I_{IS},典型的数值为 $I_{\text{IS}} \leqslant 2.2\text{ mA}$。

(9) 输入漏电流 I_{IH}。

当某一输入端接高电平,其余输入端接地时,流入接高电平输入端的电流称为输入漏电流 I_{IH},典型的数值为 $I_{\text{IH}} \leqslant 70\ \mu\text{A}$。

(10) 最大灌电流 I_{OLmax} 和最大拉电流 I_{OHmax}。

I_{OLmax} 是在保证与非门输出标准低电平的前提下,允许流进输出端的最大电流,一般为十几毫安。I_{OHmax} 是在保证与非门输出标准高电平并且不出现过功耗的前提下,允许流出输出端的最大电流,一般为几毫安。

(11) 扇入系数 N_I 和扇出系数 N_O。

扇入系数 N_I 是门电路的输入端数。一般 $N_I \leqslant 5$，最多不超过 8。若需要输入端数超过 N_I 时，可以用与扩展器来实现。

扇出系数 N_O 是指一个门能驱动同类型门的个数。一般 $N_O \geqslant 8$，N_O 越大，表明与非门的带负载能力越强。

2.3.4 集电极开路与非门和三态输出与非门

一般的 TTL 门电路，不论输出高电平，还是输出低电平，其输出电阻都很低，只有几欧到几十欧，因此，不能把两个或两个以上的 TTL 门电路的输出端直接并接在一起（见图 2-16 的虚线框）。当两个门并接时，若一个门输出为高电平，另一个门输出为低电平，它们中的导通管，就会在电源和地之间形成一个低阻串联通路。这会产生一个很大的从截止门 VT_5 流到导通门 VT_5 的电流，该电流不仅会把导通门的输出低电平抬高，不能输出正确的逻辑电平，而且会使 VT_5 因功耗过大而损坏。为了满足门电路输出端"并联应用（线与）"的要求，又不破坏输出端的逻辑状态和不损坏门电路，现已设计出集电极开路与非门，又称作 OC 门。

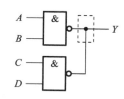

图 2-16　两个 TTL 门并联

集电极开路与非门及三态输出与非门多用于计算机电路中。由于它们的输出端都可以直接相接，从而实现线与。三态输出与非门其输出除高、低电平外，还有一种高阻状态（或禁止状态），它可为同一导线轮流传送几组不同的数据和控制信号。以下分别讨论集电极开路与非门及三态输出与非门。

1. 集电极开路与非门（OC 门）

集电极开路的门电路有许多种，包括集电极开路的与门、非门、与非门、异或非门及其他种类的集成电路。下面仅介绍集电极开路与非门。

1）OC 门的结构特点

集电极开路与非门，又称作 OC 门，是一种能够实现线与逻辑的电路。图 2-17 是 OC 门的典型电路和逻辑符号图。OC 门的电路特点是将 VT_5 输出管的集电极开路。使用 OC 门时，为保证电路正常工作，必须外接一只电阻 R_L 与电源 V_{DD2} 相连，R_L 称为上拉电阻。多个 OC 门输出端相连时，可以共用一个上拉电阻 R_L。OC 门电路与图 2-12(a) 所示的 TTL 与非门电路相比，差别仅在于其用外接上拉电阻 R_L 取代了由 VT_3、VT_4 构成的有源负载。

2）OC 门的工作原理

OC 门外接上拉电阻之后，当其输入中有低电平时，VT_2、VT_5 均截止，Y 端输出高电平；当其输入全是高电平时，VT_2、VT_5 均导通，只要取值适当，VT_5 就可以达到饱和，使 Y 端输出低电平（0.3 V）。可见 OC 门外接上拉电阻后就是一个与非门。

OC 门外接电阻的大小会影响系统的开关速度，外接电阻的值越大，工作速度越低。由于外接电阻只能在一定范围之间取值，开关速度受到限制，故 OC 门只适用于开关速度不高的场合。

3）OC 门的应用

(1) 两个或多个 OC 门的输出信号在输出端直接相与的逻辑功能，称为线与。

图 2-18 所示为由两个 OC 门并联后的电路,再经上拉电阻 R_L 接电源 V_{DD}。只要有一个 OC 门的所有输入端都为高电平时,输出为低电平;只有每个 OC 门的输入中有低电平时,输出才为高电平。输出 Y 与输入 A、B、C、D 之间的逻辑关系为:

$$Y = \overline{AB} \cdot \overline{CD}$$

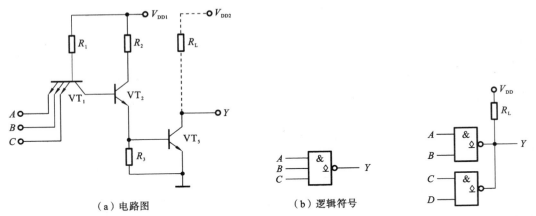

（a）电路图　　　　　　　　　　（b）逻辑符号

图 2-17　OC 门电路和逻辑符号

图 2-18　用 OC 门实现线与

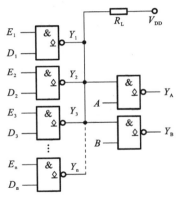

图 2-19　用 OC 门实现总线传输

（2）实现多路信号在总线上的分时传输,如图 2-19 所示。图中 D_1,D_2,D_3,$\cdots$,D_n 是需要传送的数据,E_1,E_2,E_3,$\cdots$,E_n 是各个 OC 门的选通信号。无论在任何时刻,只允许一个 OC 门被选通,以便保证在任何时刻,只有一路数据被传送到总线上;否则,会使多路数据线与后的结果传送到总线上(有时需要这样)。若 $E_1 = 1$,$E_2 = E_3 = \cdots = E_n = 0$ 时,则 $Y_1 = \overline{D_1}$,$Y_2 = Y_3 = \cdots = Y_n = 1$。传送到总线上的数据 Y 为:

$$Y = Y_1 Y_2 Y_3 \cdots Y_n = \overline{D_1} \cdot 1 \cdot 1 \cdot \cdots \cdot 1 = \overline{D_1}$$

即第一路数据 D_1 被反相传送到数据总线上。总线上的数据可以同时被所有的负载门接收,也可在选通信号控制下,让指定的负载门接收信号。

（3）实现电平转换 —— 抬高输出高电平。由 OC 门的功能分析可知,OC 门输出低电平 $V_{OL} \approx 0.3$ V,输出高电平 $V_{OH} \approx V_{DD}$。所以,改变电源电压可以方便地改变其输出高电平。只要 OC 门输出管的集极和射极之间反向击穿电压 $V_{(BR)CEO}$ 大于 V_{DD},就可把高电平抬高到 V_{DD} 的值。OC 门的这一特性,被广泛用于数字系统的接口电路,实现前级和后级的电平匹配。

（4）驱动非逻辑性负载。

图 2-20(a)是用来驱动发光二极管(LED)的电路。当 OC 门输出低电平时,LED 导通发光;当 OC 门输出高电平时,LED 截止熄灭。图 2-20(b)是用来驱动干簧继电器的电路。二极管 VD 保护 OC 门的输出管不被击穿。图 2-20(c)是用来驱动脉冲变压器的电路。脉冲变压器与普通变压器的工作原理相同,只是脉冲变压器可工作在更高的频率上。

图 2-21 是用来驱动电容负载的电路,构成锯齿波发生器。当 $v_I = V_{OL}$ 时,OC 门截止,V_{DD} 通过 RC 对电容 C 充电,v_O 近似线性上升;当 $v_I = V_{OH}$ 时,OC 门导通,电容通过 OC 门放电,v_O 迅速下降,在电容两端形成锯齿波电压。

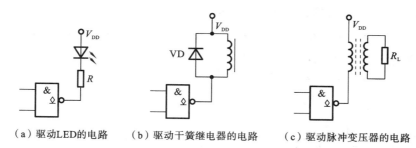

（a）驱动LED的电路　　（b）驱动干簧继电器的电路　　（c）驱动脉冲变压器的电路

图 2-20　OC 门驱动发光二极管、干簧继电器和脉冲变压器的电路

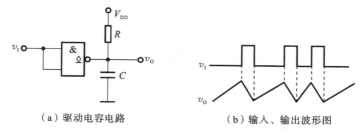

（a）驱动电容电路　　　　　　　　　（b）输入、输出波形图

图 2-21　OC 门驱动电容电路和输入、输出波形图

（5）用来实现与或非运算。利用反演律可把图 2-18 所示的输出函数变换为：

$$Y = \overline{AB} \cdot \overline{CD} = \overline{AB + CD}$$

用 OC 门实现与或非运算，要比用其他门的成本低。

2．三态输出与非门（TSL 门）

1）工作原理

普通的 TTL 门电路的输出只有两种状态，即逻辑 0 和逻辑 1，这两种状态都是低阻输出。三态逻辑输出门其输出除了具有这两个状态外，还具有高阻输出的第三状态（或称为禁止状态、悬浮状态）。三态门（three-state gate，TS 门）是在普通门电路的基础上附加控制电路而构成的。

电路输出的三种状态为：

① 高电平，即逻辑 1 状态；

② 低电平，即逻辑 0 状态；

③ 高阻状态：这种状态是使原 TTL 门电路中的 VT_4 和 VT_5 均处于截止状态，这时输出端相当于悬空，呈现出极高的电阻。输出端的电压值可浮动在 0 V 至 5 V 的任意数值上。需要注意的是，在禁止状态下，三态门与负载之间无信号联系，对负载不产生任何逻辑功能，所以禁止状态不是逻辑状态，三态门也不是三值门。

图 2-22（a）是控制端高电平有效的三态与非门的电路图，其逻辑符号如图 2-22（b）所示。从电路图 2-22 中看出，它由两部分组成。上半部分是三输入与非门，下半部为控制部分，控制输入端为 EN（一般称 EN 为控制端，也称使能端）。EN 一方面接到与非门的一个输入端，另一方面通过二极管 VD 和与非门的 VT_3 的基极相连。

因为控制端 EN 为高电平有效。所以当 EN＝1 时，二极管 VD 截止，它对与非门不起作用，这时三态门和普通 TTL 与非门一样，电路实现正常与非功能 $Y = \overline{A \cdot B}$；当 EN＝0 时，VD

导通,使 VT_3 的集电极电位被箝位在 1 V 左右,致使 VT_4 也截止。EN 的低电平迫使 VT_2 和 VT_5 截止,于是 VT_4、VT_5 都截止,输出端呈现高阻状态。相当于悬空或断路状态。电路的真值表如表 2-19 所示。

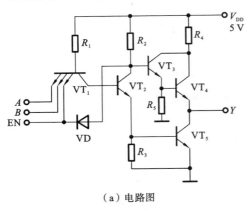

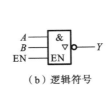

表 2-19	控制端高电平有效的三态与非门真值表	
EN	$A \cdot B$	Y
0	0	高阻状态
0	1	高阻状态
1	0	1
1	1	0

（a）电路图   （b）逻辑符号

图 2-22　控制端高电平有效的三态与非门电路与逻辑符号

另一种是控制端为低电平有效的电路,即当 EN＝0 时,电路实现与非功能 $Y=\overline{A \cdot B}$,三态门工作;而当 EN＝1 时,输出端对地呈现高阻状态。其逻辑符号是在控制端加一非号(小圆圈),读者对该电路可自行分析。

2) 三态门的应用

(1) 三态门的主要用途是可以实现在同一个公共通道上轮流传送多个不同的信息,该公共通道常称为总线,各个三态门可以在控制信号的控制下与总线相连或脱离。三态门构成单向总线如图 2-23 所示。EN_1、EN_2、EN_3 轮流为高电平 1,且任何时刻只能有一个三态门工作,则输入信号 A_1B_1、A_2B_2、A_3B_3 轮流以与非关系将信号送到总线上,而其他三态门由于 EN＝0 处于高阻状态,这样可将各门电路的输出分时传送至传输线上而不互相干扰。

(2) 用三态门构成双向总线,实现信号双向传输。三态门构成双向总线如图 2-24 所示。当 EN＝1 时,G_2 呈高阻状态,G_1 工作,输入数据 D_0 经 G_1 反相后送到总线上;当 EN＝0 时,G_1 呈高阻状态,G_2 工作,总线上的数据经 G_2 反相后输出 。可见,控制 EN 的取值可实现控制数据的双向传输。

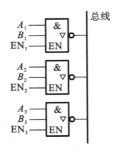

图 2-23　三态门构成单向总线

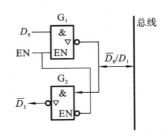

图 2-24　三态门构成双向总线

三态门的传输延迟时间要比 OC 门短一些,主要是因为三态门输出高电平时,输出管按射极跟随器方式工作,输出阻抗低,分布电容可以快速充电,而 OC 门的上拉电阻 R_L 不能太小,分布电容充电时间要长一些。

2.3.5 其他类型的 TTL 门电路

在 TTL 电路系列产品中,除应用最广泛的 TTL 与非门电路之外,常用的还有 TTL 或非门电路、TTL 与或非门电路、TTL 与门电路、TTL 或门电路、TTL 异或门电路等。这些门电路与 TTL 与非门电路虽然逻辑功能不同,但其电路可能是由 TTL 与非门电路稍加改动得到的,或是由 TTL 与非门电路的若干部分组合而成的,还可能是 TTL 与非门电路的一部分。因而只要掌握了 TTL 与非门电路的工作原理,这些电路的工作原理便可自行分析。

1. TTL 或非门电路

图 2-25 为 TTL 或非门电路图,其中,VT_1'、VT_2' 和 R_1' 组成的电路和 VT_1、VT_2、R_1 组成的电路完全相同。当 A 为高电平时,VT_2 和 VT_5 同时导通,VT_4 截止,输出 Y 为低电平;当 B 为高电平时,VT_2' 和 VT_5 同时导通而 VT_4 截止,Y 也是低电平。只有 A、B 都为低电平时,VT_2 和 VT_2' 同时截止,VT_5 截止而 VT_4 导通,从而使输出 Y 成为高电平。因此,Y 和 A、B 之间为或非关系,即 $Y = \overline{A+B}$。可见,TTL 或非门中的或逻辑关系是用 VT_2 和 VT_2' 两个三极管的输出端并联来实现的。

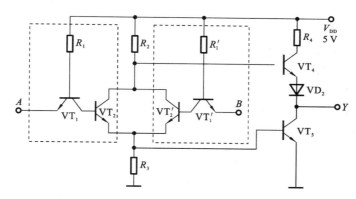

图 2-25 TTL 或非门电路

2. TTL 与或非门电路

图 2-26 为 TTL 与或非门电路图,它和 TTL 与非门电路相比,增加了一个由 VT_1'、VT_2' 和 R_1' 组成的输入电路和反相级。

由图 2-26 可见,当 A_1、B_1、C_1 同时为高电平时,VT_2、VT_5 导通而 VT_4 截止,输出 Y 为低电平。同理,当 A_2、B_2、C_2 同时为高电平时,VT_2'、VT_5 导通而 VT_4 截止,也使输出 Y 为低电平。只有当 A_1、B_1、C_1 和 A_2、B_2、C_2 每一组输入都不同时为高电平,VT_2 和 VT_2' 同时截止,使 VT_5 截止而 VT_4 导通,输出 Y 为高电平。因此,Y 和 A_1、B_1、C_1 及 A_2、B_2、C_2 之间是与或非关系,即 $Y = \overline{A_1 B_1 C_1 + A_2 B_2 C_2}$。

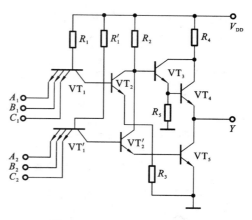

图 2-26 TTL 与或非门电路

双极性集成逻辑门电路除上述应用最广泛的 TTL 门电路之外,人们还根据实践需要生产出许多具有特殊性能的门电路。例如:高阈值门电路,其特点是阈值电压高(一般为 7～8 V)、噪声容限大、抗干扰能力强,但速度较低,多用在低速、高抗干扰的工业设备中;射极耦合门电路,其特点是开关速度高、带负载能力强、内部噪声低,但功耗较大、噪声容限较小、输出电平易受温度影响,多用于超高速或高速设备中;还有集成注入逻辑电路,它具有低功耗、低电压、高集成度等特点,但开关速度较低,输出电压幅度较小,多用于大规模数字集成电路的内部逻辑电路等。

2.3.6　TTL 集成逻辑门电路系列简介

(1) 74 系列又称标准 TTL 系列,属中速 TTL 器件,其平均传输延迟时间约为 10 ns,每个门的平均功耗约为 10 mW。

(2) 74L 系列为低功耗 TTL 系列,又称 LTTL 系列。用增加电阻阻值的方法将电路的每个门的平均功耗降低为 1 mW,但平均传输延迟时间较长,约为 33 ns。

(3) 74H 系列为高速 TTL 系列,又称 HTTL 系列。与 74 系列相比,其电路结构上主要做了两点改进:一是输出级采用了达林顿结构;二是大幅度地降低了电路中电阻的阻值。从而提高了工作速度和负载能力,但电路的平均功耗增加了。该系列的平均传输延迟时间约为 6 ns,每个门的平均功耗约为 22 mW。

(4) 74S 系列为肖特基 TTL 系列,又称 STTL 系列。74S00 与非门的电路如图 2-27 所示,与 74 系列与非门相比较,其为了进一步提高速度主要做了以下三点改进:

① 输出级采用了达林顿结构,VT_3、VT_4 组成复合管电路,降低了输出高电平时的输出电阻,有利于提高速度,也提高了负载能力。

② 采用了抗饱和三极管,如图 2-28 所示。

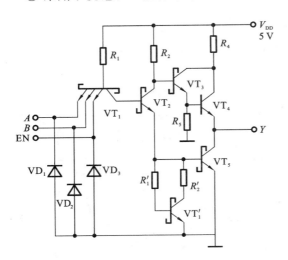

图 2-27　74S00 与非门的电路

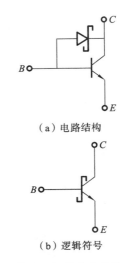

(a) 电路结构

(b) 逻辑符号

图 2-28　抗饱和三极管电路结构和逻辑符号

③ 用 VT_1'、R_1'、R_2' 组成的有源泄放电路代替了原来的 R_3。

另外输入端的三个二极管 VD_1、VD_2、VD_3 用于抑制输入端出现的负向干扰,起保护作用。

由于采取了上述措施,74S 系列的平均传输延迟时间缩短为 3 ns,但电路每个门的平均功耗较大,约为 19 mW。

（5）74LS 系列为低功耗肖特基系列,又称 LSTTL 系列。电路中采用了抗饱和三极管和专门的肖特基二极管来提高工作速度,同时通过加大电路中电阻的阻值来降低电路的功耗,从而使电路既具有较高的工作速度,又有较低的平均功耗。其平均传输延迟时间约为 9 ns,每个门的平均功耗约为 2 mW。

（6）74AS 系列为先进肖特基系列,又称 ASTTL 系列,它是 74S 系列的后继产品,是在74S 系列的基础上大大降低了电路中的电阻阻值,从而提高了工作速度。其平均传输延迟时间约为 1.5 ns,但每个门的平均功耗较大,约为 20 mW。

（7）74ALS 系列为先进低功耗肖特基系列,又称 ALSTTL 系列,是 74LS 系列的后继产品,是在 74LS 系列的基础上通过增大电路中的电阻阻值、改进生产工艺和缩小内部器件的尺寸等措施,降低了电路的平均功耗,提高了工作速度。其平均传输延迟时间约为 4 ns,每个门的平均功耗约为 1 mW。

2.4　CMOS 集成门电路

MOS 集成逻辑门是采用半导体场效应管作为开关元件的数字集成电路,它分为 PMOS、NMOS 和 CMOS 三种类型。在 MOS 数字集成电路的发展过程中,最初采用的电路全部是用P 沟道 MOS 管组成的,这种电路称为 PMOS 电路。PMOS 工艺比较简单,成品率高,价格便宜,曾被广泛采用。但其工作速度低,且采用负电源,输出电平为负,所以不便于和 TTL 电路相连,因而其应用受到了限制。NMOS 电路全部使用 NMOS 管组成,其工作速度快、尺寸小、集成度高,而且采用正电源工作,便于和 TTL 电路相连。NMOS 工艺比较适用于大规模数字集成电路,如存储器和微处理器等,但不适宜制成通用逻辑门电路。主要原因是,NMOS 电路带电容性负载能力较弱。CMOS 电路又称互补 MOS 电路,它突出的优点是其静态功耗低、抗干扰能力强、工作稳定性好、开关速度高,特别适用于通用逻辑电路的设计,目前在数字集成电路中已得到普遍应用。下面着重讨论 CMOS 逻辑门电路。

常用的 CMOS 门电路除非门外,还有 CMOS 与非门、CMOS 或非门、CMOS 与门、CMOS或门、CMOS 与或非门、CMOS 异或门及 CMOS 传输门、模拟开关、漏极开路与非门、三态输出 CMOS 门等,下面分别介绍其中的几种逻辑门。

2.4.1　CMOS 反相器

1. 电路结构

CMOS 反相器电路如图 2-29(a)所示,CMOS 非门电路由两个增强型 MOS 场效应管组成,其中 VT_1 为 NMOS 增强型管,称为驱动管;VT_2 为 PMOS 增强型管,称为负载管。VT_1和 VT_2 栅极接在一起作为非门电路的输入端,漏极接在一起作为非门电路的输出端。

图 2-29(b)是 CMOS 反相器的简化电路图。工作时,VT_1 的源极接地,NMOS 管的栅源开启电压 V_{VT1} 为正值;VT_2 的源极接电源 V_{DD},PMOS 管的栅源开启电压 V_{VT2} 是负值,其数值

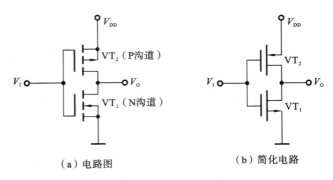

（a）电路图　　　　　　　（b）简化电路

图 2-29　CMOS 反相器

范围在 2～5 V。为了使电路能正常工作,通常取电源电压 $V_{DD}>V_{VT1}+|V_{VT2}|$。V_{DD} 可在 3～18 V 数值范围内工作,适用范围较广。

2. 工作原理

（1）当 CMOS 非门输入为低电平,即 $V_I=V_{IL}=0$ V 时($V_{IL}<V_{VT1}$),$V_{GS1}=0$,因此 VT_1 截止,而此时 $|V_{GS2}|>|V_{VT2}|$,所以 VT_2 导通,且导通内阻很低,所以 $V_O=V_{OH}≈V_{DD}$,即输出为高电平。

（2）当输入为高电平,即 $V_I=V_{IL}=V_{DD}$ 时,$V_{GS1}=V_{DD}>V_{VT1}$,VT_1 导通,而 $V_{GS2}=0<|V_{VT2}|$,因此 VT_2 截止。此时 $V_O=V_{OL}≈0$,即输出为低电平。可见,CMOS 反相器实现了非逻辑功能。

由上述可见,CMOS 反相器在工作时,无论 CMOS 非门输入是高电平还是低电平,VT_1 和 VT_2 总是一个导通而另一个截止,成互补式工作状态,故称之为互补对称式 MOS 电路,简称 CMOS 电路。

CMOS 非门电路由于采用了互补对称的工作方式,在静态下,VT_1 和 VT_2 中总有一个截止,且截止时阻抗极高,流过 VT_1 和 VT_2 的静态电流很小,因此 CMOS 反相器的静态功耗非常低,这是 CMOS 电路最突出的优点。CMOS 非门电路是构成各种 CMOS 逻辑电路的基本单元。

3. CMOS 反相器的主要特性

CMOS 反相器的电压传输特性曲线如图 2-30 所示。该特性曲线大致分为 AB、BC、CD 三个阶段。

AB 段:$V_I<V_{VT1}$,输入为低电平,$V_{GS1}<V_{VT1}$,$|V_{GS2}|>|V_{VT2}|$,故 VT_1 截止,VT_2 导通,$V_O=V_{OH}≈V_{DD}$,输出高电平。

BC 段:$V_{TN}<V_I<(V_{DD}-|V_{VT2}|)$,此时由于 $V_{GS1}>V_{VT1}$,$|V_{GS2}|>|V_{VT2}|$,故 VT_1、VT_2 均导通。若 VT_1、VT_2 的参数对称,则 $V_I=V_{DD}$ 时两管导通内阻相等,$V_O=V_{DD}$。因此,CMOS 反相器的阈值电压为 $V_I≈V_{DD}$。BC 段特性曲线很陡,可见 CMOS 反相器的传输特性接近理想开关特性,因而其噪声容限大,抗干扰能力强。

CD 段:$V_I>V_{DD}-|V_{VT2}|$,输入为高电平,VT_1 导通,而 $|V_{GS2}|<|V_{VT2}|$,故 VT_2 截止,$V_O=V_{OL}≈0$,输出低电平。

CMOS 反相器的电流传输特性曲线如图 2-31 所示,在 AB 段由于 VT_1 截止,阻抗很高,所以流过 VT_1 和 VT_2 的漏电流几乎为 0。在 CD 段 VT_2 截止,阻抗很高,所以流过 VT_1 和

VT_2 的漏电流也几乎为 0。只有在 BC 段，VT_1 和 VT_2 均导通时，才有电流 I_D 流过 VT_1 和 VT_2，并且在 $V_I = \frac{1}{2} V_{DD}$ 附近，I_D 最大。

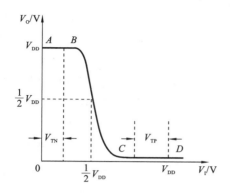

图 2-30　CMOS 反相器的电压传输特性曲线

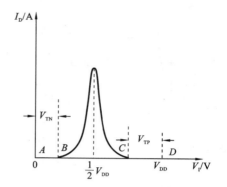

图 2-31　CMOS 反相器的电流传输特性曲线

2.4.2　CMOS 与非门

1. 电路结构

在 CMOS 反相器的基础上可以构成各种 CMOS 逻辑门。二输入端 CMOS 与非门电路如图 2-32 所示。由图 2-32 可见 CMOS 与非门由四个 MOS 管组成。工作管 VT_1 和 VT_2 是两个串联的增强型 NMOS 管，用作驱动管；VT_3 和 VT_4 是两个并联的增强型 PMOS 管，用作负载管。VT_3 和 VT_2 为一对互补管，它们的栅极作为输入端 A；VT_4 和 VT_1 作为一对互补管，它们的栅极相连作为输入端 B；VT_4 和 VT_2 的漏极相连作为输出端。VT_2 的衬底与 VT_1 的源极相连后，共同接地。

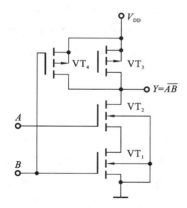

图 2-32　CMOS 与非门电路

表 2-20　CMOS 与非门真值表

A	B	Y
0	0	1
0	1	1
1	0	1
1	1	0

2. 工作原理

当输入 A、B 均为低电平时，VT_1 和 VT_2 同时截止，VT_3 和 VT_4 同时导通，输出高电平，$Y = 1$；当输入 A 为低电平，B 为高电平时，VT_2 截止，VT_3 导通，输出高电平（$V_{OH} \approx V_{DD}$），$Y = 1$；当输入 A 为高电平，B 为低电平时，VT_1 截止，VT_4 导通，输出高电平（$V_{OH} \approx V_{DD}$），$Y = 1$；只有当输入 A、B 均为高电平时，VT_1 和 VT_2 同时导通，VT_3 和 VT_4 同时截止，输出为

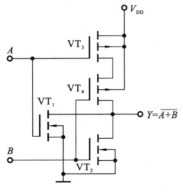

图 2-33 CMOS 或非门电路

低电平，$Y=0$。综上所述，设高电平为逻辑 1、低电平为逻辑 0，则输出 Y 和输入 A、B 之间是与非逻辑关系，其逻辑表达式为：$Y=\overline{AB}$。CMOS 与非门真值表如表 2-20 所示。

CMOS 或非门电路如图 2-33 所示，它的两个工作管 VT_1、VT_2 是并联的 NMOS 增强型管，两个负载管 VT_3、VT_4 是串联的 PMOS 增强型管。在该电路中，只要 A、B 当中有一个为高电平，输出就是低电平。只有当 A、B 全为低电平时，VT_1 和 VT_2 同时截止，VT_3 和 VT_4 同时导通，输出为高电平。因此，Y 和 A、B 间是或非关系，即 $Y=\overline{A+B}$。利用与非门、或非门和反相器还可组成与门、或门、与或非门、异或门等，在此不一一列举。

2.4.3　CMOS 漏极开路门（OD 门）

CMOS 漏极开路门，也称 OD 门。可以用来实现线与逻辑，而且更多地被用来作为输出缓冲/驱动电路，或用作输出电平的变换，以满足吸收大负载电流的情况。

图 2-34 是 CMOS 漏极开路与非门电路图。输出 MOS 管 VT 的漏极是开路的，工作时必须外接电阻 R_D 和电源 V_{DD2}，方可实现 $Y=\overline{AB}$ 的与非逻辑关系。若不外接电阻 R_D 和电源 V_{DD2}，则电路不能正常工作。

工作原理如下。

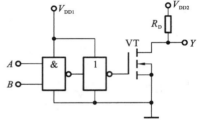

图 2-34　CMOS 漏极开路与非门电路

（1）当两个输入 A、B 均为高电平时，MOS 管 VT 导通，漏极输出低电平。在输出低电平 V_{OL} 的情况下，它可以吸收较大的负载电流。

（2）当两个输入 A、B 至少有一个为低电平时，MOS 管 VT 截止。在外加电源电压为 V_{DD2} 的情况下，漏极输出高电平 $V_{OH} \approx V_{DD2}$，即电路将 $0 \sim V_{DD1}$ 的信号电平变换成了 $0 \sim V_{DD2}$ 的新电平。

2.4.4　CMOS 传输门

CMOS 传输门是由 NMOS 增强型管和 PMOS 增强型管并联互补而成。CMOS 传输门和 CMOS 反相器一样，是构成各种逻辑电路的基本单元。CMOS 传输门的电路图及逻辑符号如图 2-35 所示。由图 2-35 可看出，NMOS 管 VT_N 衬底接地（或 -5 V），PMOS 管 VT_P 衬底接电源 V_{DD}。VT_N 和 VT_P 的源极相连作为输入端，漏极相连作为输出端。由于 MOS 管的结构是对称的，故它们源极和漏极可互换使用，即输入与输出也可以互换使用，因而 CMOS 传输门属于可逆的双向器件。VT_N、VT_P 的两个栅极作为控制端，分别接一对互补控制信号 C 和 $\overline{C}$。

如果 CMOS 传输门的一端接输入正电压 V_I，另一端接负载电阻 R_L，则电路结构如图 2-36 所示。

CMOS 传输门的工作原理如下。设控制信号的低电平为 0 V，高电平为 V_{DD}。

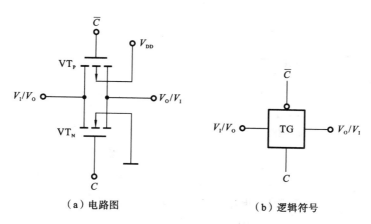

（a）电路图　　　　　　　　　（b）逻辑符号

图 2-35　CMOS 传输门

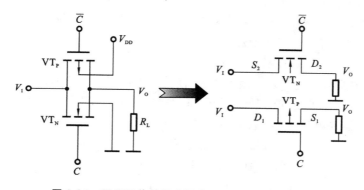

图 2-36　CMOS 传输门中两个 MOS 管的工作状态

（1）当 C 接低电平，$\overline{C}$ 接 V_{DD} 时，即控制信号 $C=0$、$\overline{C}=1$ 时，只要输入信号的变化范围在 $-V_{DD} \sim V_{DD}$，则 VT_N、VT_P 同时截止，输入与输出之间呈高阻状态，传输门截止，不能传递信号，$V_O=0$。

（2）当 C 接 V_{DD}，$\overline{C}$ 接低电平时，即控制信号 $C=1$、$\overline{C}=0$ 时，而且在 R_L 大于 VT_N、VT_P 的导通电阻的情况下，则当 $0 \leqslant V_I \leqslant V_{DD}-V_{VT_N}$ 时，VT_N 将导通；而当 $|V_{VT_P}| \leqslant V_I \leqslant V_{DD}$ 时，则 VT_P 导通。因此，当在 $0 \leqslant V_I \leqslant V_{DD}$ 之间变化时，VT_N、VT_P 至少有一个是导通的，使输入与输出之间呈现低阻状态，传输门导通，信号可由输入端传输到输出端并有 $V_O \approx V_I$。

CMOS 传输门常用来作双向模拟开关，可以用来传输连续变化的模拟电压信号，广泛用于采样/保持电路、模/数转换电路等。实际应用中的双向模拟开关电路是由 CMOS 传输门和反相器组成的，如图 2-37 所示。当控制信号 $C=1$ 时，传输门 TG 导通，即开关接通，输入模拟信号几乎无衰减地传输到输出端，即 $V_O=V_I$；而当 $C=0$ 时，传输门 TG 截止，即开关断开，不能传递信号，$V_O=0$，因此只要一个控制电压即可工作。模拟开关也是一种双向器件。

2.4.5　CMOS 逻辑门电路的系列及主要参数

1. CMOS 逻辑门电路的系列

CMOS 集成电路诞生于 20 世纪 60 年代末，经过制造工艺的不断改进，在应用的广度上已

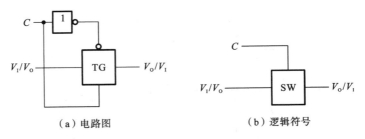

（a）电路图　　　　　　　　（b）逻辑符号

图 2-37　CMOS 双向模拟开关

与 TTL 电路平分秋色,它的技术参数从总体上说,已经接近 TTL 电路的水平,其中功耗、噪声容限、扇出系数等参数优于 TTL 电路。CMOS 集成电路主要有以下几个系列。

（1）基本的 CMOS——4000 系列。

这是早期的 CMOS 集成逻辑门产品,工作电源电压范围为 3～18 V,由于具有功耗低、噪声容限大、扇出系数大等优点,已得到普遍使用。缺点是工作速度较低,平均传输延迟时间为几十纳秒,最高工作频率小于 5 MHz。

（2）高速的 CMOS——HC(HCT) 系列。

该系列电路主要从制造工艺上做了改进,使其大大提高了工作速度,平均传输延迟时间小于 10 ns,最高工作频率可达 50 MHz。HC 系列的电源电压范围为 2～6 V。HCT 系列的主要特点是与 TTL 器件电压兼容,它的电源电压范围为 4.5～5.5 V。它的输入电压参数为 $V_{IH(min)}=2.0\,V$;$V_{IL(max)}=0.8\,V$,与 TTL 电路完全相同。另外,74HC/HCT 系列与 74LS 系列的产品只要最后 3 位数字相同,则两种器件的逻辑功能、外形尺寸、引脚排列顺序也完全相同,这样就为以 CMOS 产品代替 TTL 产品提供了方便。

（3）先进的 CMOS——AC(ACT) 系列。

该系列的工作频率得到了进一步的提高,同时保持了 CMOS 超低功耗的特点。其中 ACT 系列与 TTL 器件电压兼容,电源电压范围为 4.5～5.5 V。AC 系列的电源电压范围为 1.5～5.5 V。AC(ACT) 系列的逻辑功能、引脚排列顺序等都与同型号的 HC(HCT) 系列完全相同。

2. CMOS 逻辑门电路的主要参数

CMOS 门电路主要参数的定义同 TTL 电路,下面主要说明 CMOS 电路主要参数的特点。

（1）输出高电平 V_{OH} 与输出低电平 V_{OL}。CMOS 门电路 V_{OH} 的理论值为电源电压 V_{DD},$V_{OH(min)}=0.9V_{DD}$;V_{OL} 的理论值为 0 V,$V_{OL(max)}=0.01V_{DD}$。所以 CMOS 门电路的逻辑摆幅(即高低电平之差)较大,接近电源电压 V_{DD} 的值。

（2）阈值电压 V_{th}。从 CMOS 非门电路的电压传输特性曲线中看出,输出高低电平的过渡区很陡,阈值电压 V_{th} 约为 $\dfrac{V_{DD}}{2}$。

（3）抗干扰容限。CMOS 非门的关门电平 V_{OFF} 为 $0.45V_{DD}$,开门电平 V_{ON} 为 $0.55V_{DD}$,其高、低电平噪声容限均达 $0.45V_{DD}$。其他 CMOS 门电路的噪声容限一般也大于 $0.3V_{DD}$,电源电压 V_{DD} 越大,其抗干扰能力越强。

（4）平均传输延迟时间与功耗。CMOS 电路的功耗很小,每个门的功耗一般小于 1 mW,但传输延迟时间较长,一般为几十纳秒,且与电源电压有关,电源电压越高,CMOS 电路的传输延迟时间越短,功耗越大。

（5）扇出系数。因 CMOS 电路有极大的输入阻抗,故其扇出系数很大,一般额定扇出系数可达 50。但必须指出的是,扇出系数是指驱动 CMOS 电路的个数,若就灌电流负载能力和拉电流负载能力而言,CMOS 电路远远低于 TTL 电路。

2.5　门电路的接口

在集成电路的应用过程中,不可避免地会遇到不同类型的器件相互连接的问题。当各器件的逻辑电平互不一致,不能正确接收和传送信息时,就要考虑它们之间的连接问题,应使用必要的接口电路。两种不同类型的集成电路相互连接,驱动门必须要为负载门提供符合要求的高低电平和足够的输入电流,即要满足下列条件:

驱动门的 $V_{OH(min)} \geqslant$ 负载门的 $V_{IH(min)}$；

驱动门的 $V_{OL(max)} \leqslant$ 负载门的 $V_{IL(max)}$；

驱动门的 $I_{OH(max)} \geqslant$ 负载门的 $I_{IH(总)}$；

驱动门的 $I_{OL(max)} \geqslant$ 负载门的 $I_{IL(总)}$。

2.5.1　TTL 门驱动 CMOS 门

由于 TTL 门的 $I_{OH(max)}$ 和 $I_{OL(max)}$ 远远大于 CMOS 门的 I_{IH} 和 I_{IL},所以当 TTL 门驱动 CMOS 门时,主要考虑 TTL 门的输出电平是否满足 CMOS 输入电平的要求。

若 CMOS 同 TTL 电源电压都为 5 V,则两种门可直接连接。由于 TTL 门电路输出高电平典型值为 3.4 V,而 CMOS 电路的输入高电平要求高于 3.5 V。为解决此矛盾,可在 TTL 电路的输出端和电源之间,接一个上拉电阻 R_x,如图 2-38 所示,R_x 的阻值取决于负载器件的数目及 TTL 和 CMOS 器件的电流参数,一般在几百到几千欧之间,这样使 TTL 输出级 VT_4、VT_5 均截止,流过 R_x 的电流极小,其输出高电平可接近 V_{CC}。

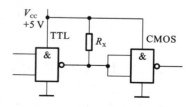

图 2-38　电源电压相同时 TTL 门驱动 CMOS 门

如果 CMOS 电源 V_{DD} 高于 TTL 电路电源,则选用具有电平偏移功能的 CMOS 门(如 CC74HC109),其输入接受 TTL 电平,而输出 CMOS 电平,电路图如图 2-39 所示。或采用 TTL(OC)门作为 CMOS 的驱动门,如图 2-40 所示。

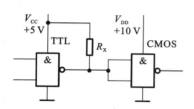

图 2-39　电源电压不同时 TTL 门驱动 CMOS 门

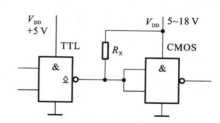

图 2-40　电源电压不同时 TTL(OC)门驱动 CMOS 门

2.5.2 CMOS 门驱动 TTL 门

当 CMOS 门的电源电压与 TTL 门相同时，CMOS 门与 TTL 门的逻辑电平相同，但 CMOS 门的驱动能力不适应于 TTL 门的要求，原因是 CMOS 门输出低电平时能承受的灌电流较小，而 74 系列 TTL 门的输入短路电流较大。这样用 CMOS 门驱动 TTL 门时，将不能保证 CMOS 门能输出符合规定的低电平。为解决此问题，可采用 CMOS-TTL 电平转换器（如 CC74HC90、CC74HC50），电路如图 2-41(a) 所示。

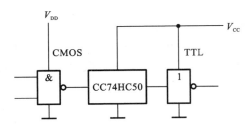
(a) CMOS-TTL电平转换器实现CMOS门驱动TTL门

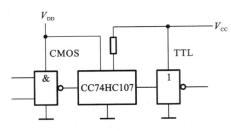
(b) 漏极开路CMOS驱动器实现CMOS门驱动TTL门

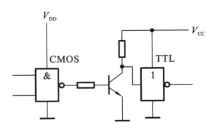
(c) 三极管开关实现CMOS门驱动TTL门

图 2-41 CMOS 门驱动 TTL 门

也可采用漏极开路的 CMOS 驱动器，如 CC74HC107，如图 2-41(b) 所示。它可以驱动 10 个 74 系列负载门。

此外，也可以将 CMOS 门经过一级晶体管开关驱动 TTL 门，其电路如图 2-41(c) 所示。

2.5.3 TTL 和 CMOS 电路带负载时的接口问题

在工程实践中，常常需要用 TTL 或 CMOS 电路去驱动指示灯、发光二极管（简称为 LED）、继电器等负载。

对于电流较小、电平能够匹配的负载可以直接驱动，用 TTL 门电路驱动发光二极管如图 2-42(a) 所示，这时只要在电路中串联一个几百欧的限流电阻即可。用 TTL 门电路驱动低电流继电器如图 2-42(b) 所示，其中二极管 VD 作保护，用以防止过电压。

如果负载电流较大，可将同一芯片上的多个门电路并联作为驱动器，如图 2-43(a) 所示。也可在门电路的输出端接三极管，以提高负载能力，如图 2-43(b) 所示。

2.5.4 多余输入端的处理

多余输入端的处理应以不改变原电路逻辑关系及保持稳定可靠为原则。通常采用下列

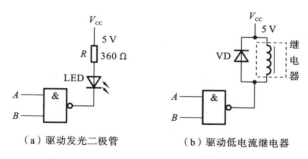

（a）驱动发光二极管　　　　（b）驱动低电流继电器

图 2-42　用 TTL 门电路驱动小电流负载

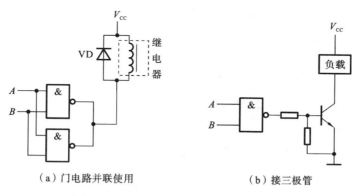

（a）门电路并联使用　　　　　（b）接三极管

图 2-43　用 TTL 门电路驱动大电流负载

方法。

（1）对于与非门，多余输入端应接高电平，比如直接接电源正端，或通过一个上拉电阻接电源正端，如图 2-44（a）所示；在前级驱动能力允许时，也可以与有用的输入端并联使用，如图 2-44（b）所示。所述方法对于与门也同样适用。

（2）对于或非门，多余输入端应接低电平，比如直接接地，如图 2-45（a）所示；也可以与有用的输入端并联使用，如图 2-45（b）所示。所述方法对于或门也同样适用。

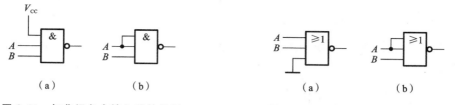

（a）　　　　　（b）　　　　　　　　　　　（a）　　　　　（b）

图 2-44　与非门多余输入端的处理　　　　图 2-45　或非门多余输入端的处理

习　题　2

2-1　列出下述问题的真值表，并写出逻辑表达式：

（1）有 a、b、c 3 个输入信号，如果 3 个输入信号均为 0 或其中一个为 1 时，输出 $Y=1$，其余情况下，输出 $Y=0$；

（2）有 a、b、c 3 个输入信号，如果 3 个输入信号出现奇数个 1 时，输出为 1，其余情况下，输

出为 0;

(3) 有 3 个温度探测器,当探测的温度超过 60℃时,输出控制信号 1;如果探测的温度低于 60℃时,输出控制信号 0。当有两个或两个以上的温度探测器输出信号 1 时,总控制器输出信号 1,自动控制调控设备,使温度降低到 60℃以下。试写出总控制器的真值表和逻辑表达式。

2-2　用真值表证明下列等式:

(1) $AB + \overline{A}C + BC = (A + C)(\overline{A} + B)$;

(2) $\overline{AB} + \overline{BC} + \overline{AC} = \overline{AB} \cdot \overline{BC} \cdot \overline{AC}$;

(3) $\overline{A}BC + A\overline{B}C + AB\overline{C} = BC\overline{ABC} + AC\overline{ABC} + AB\overline{ABC}$;

(4) $\overline{\overline{AB} + B\overline{C} + \overline{AC}} = ABC + \overline{ABC}$。

2-3　分析图 2-46 所示电路,写出 F_1 和 F_2 的逻辑表达式。

2-4　二极管门电路如图 2-47 所示。已知二极管 VD_1、VD_2 的导通压降均为 0.7 V,试回答下列问题。

(1) A 接 10 V,B 接 0.3 V 时,输出 V_O 为多少?

(2) A、B 均接 10 V 时,输出 V_O 为多少?

(3) A 接 10 V,B 悬空时,用万用表测量 B 端电位,V_B 为多少?

(4) A 接 0.3 V,B 悬空时,用万用表测量 V_B 为多少?

(5) A 接 5 kΩ 电阻到地,B 悬空时,用万用表测量 V_B 为多少?

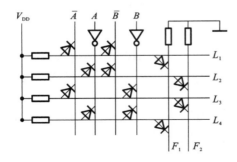
图 2-46　题 2-3 图

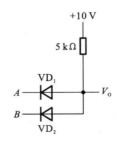
图 2-47　题 2-4 图

2-5　写出如图 2-48(a)所示的逻辑电路的表达式。当输入波形如图 2-48(b)所示时,画出各逻辑电路的输出波形。

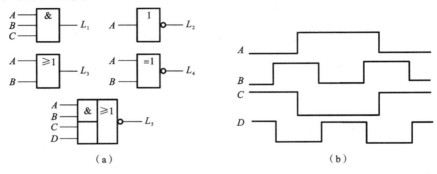

　　(a)　　　　　　　　　　　　　　　　　　(b)

图 2-48　题 2-5 图

2-6 TTL 与非门电路如图 2-49(a)所示,TTL 与非门内部输入级电路如图 2-49(b)所示,试问:

(1) 若使与非门输出 $F=1$,R 的阻值应为多少?

(2) 若使与非门输出 $F=0$,R 的阻值应为多少?

2-7 MOS 门原理电路如图 2-50 所示。分析电路输入、输出间的逻辑关系,写出逻辑表达式。

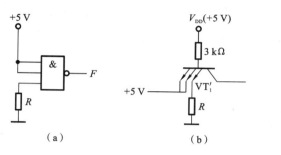

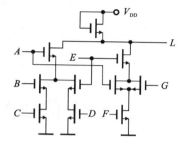

图 2-49 题 2-6 图   图 2-50 题 2-7 图

2-8 在 CMOS 门电路中,有时采用如图 2-51 所示方法扩展输入端。试分析图 2-51(a)、图 2-51(b)所示电路的逻辑功能,写出 Y_1、Y_2 的逻辑表达式。这种扩展输入端的方法能否用于 TTL 电路? 假设 $V_{DD}=10$ V,二极管的正向导通压降 $V_{VD}=0.7$ V。

2-9 电路如图 2-52 所示,其中 G_1 是 TTL 与非门,输出高电平为 $V_{OH}=3.0$ V,输出低电平为 $V_{OL}=0.3$ V,最大允许拉电流 $I_{OH}\leqslant0.4$ mA,最大允许灌电流 $I_{OL}\leqslant30$ mA。三极管参数 $\beta=40$,$V_{BE}=0.7$ V,$V_{CES}=0.3$ V,$I_{CM}=100$ mA。发光二极管 VD 正向导通压降为 $V_{VD}=1.4$ V,发光时的电流 I_{VD} 为 5~10 mA。求:

(1) 输入 A、B 在何种状态时,VD 能发光;

(2) 求 R_c 的取值范围;

(3) 若 $R_c=0.2$ kΩ,则 R_b 的值为多少合适;

(4) 若要求输出端并接两个发光管工作,则怎样修改电路。

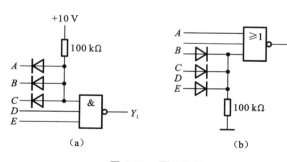

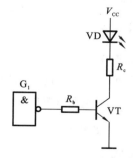

图 2-51 题 2-8 图   图 2-52 题 2-9 图

第 3 章　逻辑代数基础

逻辑代数又称为布尔代数,它是数字电路分析与设计的数学工具,本章主要介绍逻辑代数的基本运算,逻辑函数的代数化简法及逻辑函数的卡诺图化简法,为后面分析和设计数字电路打下基础。

3.1　逻辑代数的基本运算

3.1.1　基本公式和定律

1. 常量之间的关系

因为二值逻辑中只有 0、1 两个常量,逻辑变量的取值不是 0 就是 1,而最基本的逻辑运算又只有与、或、非三种,所以常量之间的关系也只有下列几种。

公式 1	$0 \cdot 0 = 0$
公式 1'	$1 + 1 = 1$
公式 2	$0 \cdot 1 = 0$
公式 2'	$1 + 0 = 1$
公式 3	$1 \cdot 1 = 1$
公式 3'	$0 + 0 = 0$
公式 4	$\overline{0} = 1$
公式 4'	$\overline{1} = 0$

这些常量之间的关系同时体现了逻辑代数中的基本运算规则,也称公理,它是人为规定的。这种规定既与逻辑思维的推理一致,又与普通代数的运算规则相似。

2. 变量和常量的关系

公式 5	$A \cdot 1 = A$
公式 5'	$A + 0 = A$
公式 6	$A \cdot 0 = 0$
公式 6'	$A + 1 = 1$
公式 7	$A \cdot \overline{A} = 0$
公式 7'	$A + \overline{A} = 1$

3. 与普通代数相似的定理

1) 交换律

公式 8 $\qquad\qquad A \cdot B = B \cdot A$

公式 8′ $\qquad\qquad A + B = B + A$

2) 结合律

公式 9 $\qquad\qquad (A \cdot B) \cdot C = A \cdot (B \cdot C)$

公式 9′ $\qquad\qquad (A + B) + C = A + (B + C)$

3) 分配律

公式 10 $\qquad\qquad A \cdot (B + C) = A \cdot B + A \cdot C$

公式 10′ $\qquad\qquad A + B \cdot C = (A + B) \cdot (A + C)$

4. 逻辑代数的一些特殊定理

1) 同一律

公式 11 $\qquad\qquad A \cdot A = A$

公式 11′ $\qquad\qquad A + A = A$

2) 德·摩根定理（又称为反演律）

公式 12 $\qquad\qquad \overline{A \cdot B} = \overline{A} + \overline{B}$

公式 12′ $\qquad\qquad \overline{A + B} = \overline{A} \cdot \overline{B}$

3) 还原律

公式 13 $\qquad\qquad \overline{\overline{A}} = A$

公式 5 到公式 13 的证明是很容易的，可以用基本公式或真值表进行证明。最直接的方法就是将变量的各种可能取值代入等式中进行计算，列出真值表。如果等号两边的值相等，则等式成立，否则就不成立。

例 3-1 证明：(1) $A + BC = (A + B)(A + C)$；

(2) $\overline{A + B} = \overline{A} \cdot \overline{B}$。

证明 (1) $(A + B)(A + C) = A \cdot A + A \cdot C + A \cdot B + B \cdot C$

$\qquad\qquad\qquad\qquad = A + A \cdot C + A \cdot B + B \cdot C$

$\qquad\qquad\qquad\qquad = A \cdot (1 + C + B) + B \cdot C$

$\qquad\qquad\qquad\qquad = A + B \cdot C$

(2) 将变量的各种取值代入等式，进行计算，结果如表 3-1 所示。

表 3-1 例 3-1(2)的真值表

A	B	$A+B$	$\overline{A+B}$	$\overline{A}$	$\overline{B}$	$\overline{A} \cdot \overline{B}$
0	0	0	1	1	1	1
0	1	1	0	1	0	0
1	0	1	0	0	1	0
1	1	1	0	0	0	0

由表 3-1 可以看出，在变量的各种取值情况下，等式两边的表达式都是相等的，所以例 3-1(2)成立。

5. 若干常用公式

公式 14 $\qquad A \cdot B + A \cdot \overline{B} = A$

证明 $\qquad A \cdot B + A \cdot \overline{B} = A \cdot (B + \overline{B}) = A$

由此可见,若两个乘积项中有一个因子是互补(如 B、$\overline{B}$)的,而其他因子都相同时,则可利用公式 14 将这两项合并成一项,并消去互补因子。

公式 15 $\qquad A + A \cdot B = A$

证明 $\qquad A + A \cdot B = A \cdot (1 + B) = A$

公式 15 说明,在一个与或表达式中,如果一个乘积项是另外一个乘积项的因子,则另外一个乘积项是多余的。

公式 16 $\qquad A + \overline{A} \cdot B = A + B$

证明 根据公式 10′可知

$$A + \overline{A} \cdot B = (A + \overline{A})(A + B) = 1 \cdot (A + B) = A + B$$

公式 16 说明,在一个与或表达式中,如果一个乘积项的反是另一个乘积项的因子,则这个因子是多余的。

公式 17 $\qquad A \cdot B + \overline{A} \cdot C + B \cdot C = A \cdot B + \overline{A} \cdot C$

证明 $A \cdot B + \overline{A} \cdot C + B \cdot C = A \cdot B + \overline{A} \cdot C + B \cdot C \cdot (A + \overline{A})$

$$= A \cdot B + \overline{A} \cdot C + A \cdot B \cdot C + \overline{A} \cdot B \cdot C$$

$$= A \cdot B + \overline{A} \cdot C$$

推论 $\qquad A \cdot B + \overline{A} \cdot C + B \cdot C \cdot D \cdot E = A \cdot B + \overline{A} \cdot C$

证明 $A \cdot B + \overline{A} \cdot C + B \cdot C \cdot D \cdot E = A \cdot B + \overline{A} \cdot C + B \cdot C + B \cdot C \cdot D \cdot E$

$$= A \cdot B + \overline{A} \cdot C + B \cdot C \cdot (1 + D \cdot E)$$

$$= A \cdot B + \overline{A} \cdot C + B \cdot C$$

$$= A \cdot B + \overline{A} \cdot C$$

公式 17 及其推论说明,在一个与或表达式中,如果两个乘积项中,一项包含了原变量 A,另一项包含了反变量 $\overline{A}$,而这两个乘积项中其余的因子都是第三个乘积项的因子,则第三个乘积项是多余的。

公式 18 $\qquad \overline{A \oplus B} = A \odot B$ 即 $\overline{A \cdot \overline{B} + \overline{A} \cdot B} = \overline{A} \cdot \overline{B} + A \cdot B$

证明 $\overline{A \oplus B} = \overline{A \cdot \overline{B} + \overline{A} \cdot B} = (\overline{A} + B)(A + \overline{B})$

$$= \overline{A} \cdot A + \overline{A} \cdot \overline{B} + A \cdot B + B \cdot \overline{B}$$

$$= \overline{A} \cdot \overline{B} + A \cdot B$$

$$= A \odot B$$

由此可见,异或运算的反即为同或运算。

公式 19 $\qquad \overline{A \cdot B + \overline{A} \cdot C} = A \cdot \overline{B} + \overline{A} \cdot \overline{C}$

证明 $\overline{A \cdot B + \overline{A} \cdot C} = (\overline{A} + \overline{B}) \cdot (A + \overline{C})$

$$= \overline{A} \cdot A + \overline{A} \cdot \overline{C} + A \cdot \overline{B} + \overline{B} \cdot \overline{C}$$

$$= A \cdot \overline{B} + \overline{A} \cdot \overline{C}$$

公式 19 比公式 18 更具有一般性,即由两项组成的表达式中,如果其中一项含有因子 A,另一项含有因子 $\overline{A}$,那么将这两项其余部分各自求反,就得到这个函数的反函数。

6. 关于异或运算的一些公式

1）交换律

$$A \oplus B = B \oplus A$$

2）结合律

$$(A \oplus B) \oplus C = A \oplus (B \oplus C)$$

3）分配律

$$A \cdot (B \oplus C) = A \cdot B \oplus A \cdot C$$

证明
$$A \cdot (B \oplus C) = A \cdot (B \cdot \overline{C} + \overline{B} \cdot C)$$
$$A \cdot B \oplus A \cdot C = A \cdot B \cdot \overline{A \cdot C} + \overline{A \cdot B} \cdot A \cdot C$$
$$= A \cdot B \cdot (\overline{A} + \overline{C}) + (\overline{A} + \overline{B}) \cdot A \cdot C$$
$$= A \cdot \overline{A} \cdot B + A \cdot B \cdot \overline{C} + A \cdot \overline{A} \cdot C + A \cdot \overline{B} \cdot C$$
$$= A \cdot (B \cdot \overline{C} + \overline{B} \cdot C)$$

所以
$$A \cdot (B \oplus C) = A \cdot B \oplus A \cdot C$$

4）常量和变量的异或运算

由异或运算的定义可直接推导出

$$A \oplus 1 = \overline{A}, \quad A \oplus 0 = A$$
$$A \oplus A = 0, \quad A \oplus \overline{A} = 1$$

5）因果互换律

如果
$$A \oplus B = C$$

则有
$$A \oplus C = B, \quad B \oplus C = A$$

证明 把 $A \oplus B = C$ 两边同时异或 A 可得

$$A \oplus A \oplus B = A \oplus C$$
$$0 \oplus B = A \oplus C$$
$$A \oplus C = B$$

本节所列出的运算定理反映了逻辑关系，而不是数量之间的关系，因而在逻辑运算时不能简单套用初等代数的运算规则。例如，在逻辑运算中不能套用初等代数的移项规则，这是由于逻辑代数中没有减法和除法。

3.1.2 基本运算规则

1. 代入规则

任何一个含有某变量的等式，如果等式中所有出现此变量的位置均代之以一个逻辑函数式，则此等式依然成立。这个规则称为代入规则。

例如，$\overline{A+B} = \overline{A} \cdot \overline{B}$ 中将所有出现 A 的地方都用 $A+D$ 替换，等式仍然成立，即

$$\overline{A+D+B} = \overline{A+D} \cdot \overline{B}$$

2. 反演规则

对于任意一个逻辑函数式 F，做如下处理：

（1）将式中的运算符 $\cdot$ 换成 $+$，$+$ 换成 $\cdot$；

（2）将式中的常量 0 换成 1，1 换成 0；

（3）将式中的原变量换成反变量，反变量换成原变量。

那么得到的新函数式为原函数式 F 的反函数式，用 $\overline{F}$ 表示，这个规则称为反演规则。

利用反演规则就很容易求出一个函数的反函数，但需要注意，在求反函数时要保持原函数的运算顺序，即"先与后或"，必要时要适当地加入括号，不属于单个变量上的非号要保留。

例如：若 $F=A\overline{B}+\overline{(A+C)B}+\overline{A} \cdot B \cdot \overline{C}$，则 $\overline{F}=(\overline{A}+B) \cdot \overline{(A+C) \cdot B} \cdot (A+\overline{B}+C)$。

3．对偶规则

对于任意一个逻辑函数，做如下处理：

（1）将式中的运算符 $\cdot$ 换成 $+$，$+$ 换成 $\cdot$；

（2）将式中的常量 0 换成 1，1 换成 0；

（3）将式中的变量保持不变。

那么得到的新函数式为原函数式 F 的对偶式 F'，也称为对偶函数。

所谓对偶规则指的是，如果两个函数式相等，则它们对应的对偶式也相等，即若 $F_1=F_2$ 则 $F'_1=F'_2$。

需要注意的是，求对偶式时运算顺序不能改变，且它只变换运算符和常量，其变量保持不变。

例如：若 $F=\overline{AB+\overline{A}C}+1 \cdot B$，则 $F'=\overline{(A+B) \cdot (\overline{A}+C)} \cdot (0+B)$。

3.2 逻辑函数的代数化简法

3.2.1 逻辑函数的最简表达式

一个逻辑函数可以有很多种不同的逻辑表达式，如与或表达式、或与表达式、与非-与非表达式、或非-或非表达式及与或非表达式。例如：

$$F =AB+\overline{A}C \qquad\qquad \text{与或表达式}$$
$$=(A+C)(\overline{A}+B) \qquad \text{或与表达式}$$
$$=\overline{\overline{AB} \cdot \overline{\overline{A}C}} \qquad\qquad \text{与非-与非表达式}$$
$$=\overline{\overline{A+C}+\overline{\overline{A}+B}} \qquad \text{或非-或非表达式}$$
$$=\overline{\overline{A} \cdot \overline{C}+A \cdot \overline{B}} \qquad\quad \text{与或非表达式}$$

上式中，从与或表达式变为或与表达式时使用了以下变换：

$$F =AB+\overline{A}C$$
$$=AB+\overline{A}C+BC+A\overline{A}$$
$$=A(\overline{A}+B)+C(\overline{A}+B)$$
$$=(A+C)(\overline{A}+B)$$

以上 5 个式子是同一个函数的不同形式的最简表达式，这 5 个表达式是可以互相转换的。其中，最常用的是与或表达式，因为它易于从真值表中直接写出。

最简与或表达式有以下两个特点：

（1）与项（即乘积项）的个数最少；

（2）每个乘积项中变量的个数最少。

3.2.2 常用的代数化简法

代数化简法也称为公式化简法，就是利用逻辑代数的基本公式和常用公式化简逻辑函数。常用的方法有以下几种。

1. 并项法

利用公式 $A+\overline{A}=1$，将两项合并成一项，并消去一个变量。

例如：

$$L=ABC+AB\overline{C}=AB(C+\overline{C})=AB$$

2. 吸收法

利用公式 $A+AB=A$，吸收多余的乘积项。

例如：

$$L=\overline{A}B+\overline{A}B\overline{C}D(E+F)=\overline{A}B$$

3. 消去法

利用公式 $A+\overline{A}B=A+B$，消去多余的乘积因子。

例如：

$$L=\overline{A}+AB+\overline{B}E=\overline{A}+B+\overline{B}E=\overline{A}+B+E$$

4. 配项法

利用公式 $AB+\overline{A}C=AB+\overline{A}C+BC,A+\overline{A}=1$，将待化简函数式通过适当地添加项，达到消除更多项，使函数更简的目的。

例如：

$$\begin{aligned}L&=AB+\overline{A}C+B\overline{C}\\&=AB+\overline{A}C+(A+\overline{A})B\overline{C}\\&=AB+\overline{A}C+AB\overline{C}+\overline{A}B\overline{C}\\&=(AB+AB\overline{C})+(\overline{A}C+\overline{A}CB)\\&=AB+\overline{A}C\end{aligned}$$

综合应用以上这些方法并结合公式和定律，我们可以对逻辑函数进行化简。

例 3-2 化简函数 $Y=(\overline{B}+D)(\overline{B}+D+A+G)(C+E)(\overline{C}+G)(A+E+G)$。

解 先求出 Y 的对偶函数 Y'，并对其进行化简得

$$Y'=\overline{B}D+\overline{B}DAG+CE+\overline{C}G+AEG=\overline{B}D+CE+\overline{C}G$$

再求 Y' 的对偶函数，便得 Y 的最简或与表达式为

$$Y=(\overline{B}+D)(C+E)(\overline{C}+G)$$

3.3 逻辑函数的卡诺图化简法

用代数化简法化简逻辑函数不但要求熟练掌握逻辑代数的公式和定理，而且需要一些技

巧,特别是在较难判别获得的逻辑表达式是否就是最简逻辑表达式的情况下。

在实践中,人们还找到一些其他的方法,其中最常用的是用卡诺图化简逻辑函数,求最简与或表达式的方法,即卡诺图化简法。卡诺图化简法有比较明确的步骤可以遵循,结果是否最简,判断起来也比较容易。卡诺图化简法是逻辑设计中一种十分有用的工具,应用十分广泛。

3.3.1 逻辑函数的最小项表达式

为了用卡诺图化简法来化简逻辑函数,必须对逻辑函数式进行必要的变形,为此,首先引入最小项和逻辑函数最小项表达式的概念。

1. 最小项的概念

在有 n 个变量的逻辑函数中,若其与或表达式中有

(1) 所有乘积项均由 n 个因子组成;

(2) 每个因子以变量或其反变量的形式在乘积项中出现且仅出现一次;

则称这样的乘积项为最小项。例如,A、B、C 三个变量有

$$\overline{ABC}、\overline{AB}C、\overline{A}B\overline{C}、\overline{A}BC、A\overline{BC}、A\overline{B}C、AB\overline{C}、ABC$$

这 8 个最小项。一般来说,n 个变量的逻辑函数共有 2^n 个最小项。而

$$\overline{AB}、\overline{C}ABC、A(\overline{B}+\overline{C})$$

则不是 A、B、C 三个变量的最小项。

2. 最小项的编号

为方便计算,常以 m_i 的形式表示最小项,其中:m 代表最小项;下标 i 表示最小项的编号。i 是 n 变量取值组合排成二进制数所对应的十进制数。变量以原变量形式出现视为 1,以反变量形式出现则视为 0。例如:$\overline{ABC}$ 记为 m_0、$\overline{AB}C$ 记为 m_1、$\overline{A}B\overline{C}$ 记为 m_2 等。

3. 最小项的性质

最小项的性质如下。

(1) 当输入变量取任何一组值时,有且仅有一个最小项的值为 1。

(2) 全体最小项之和恒为 1。

(3) 在输入变量的任何一组取值下,任意两个最小项之积为 0。

(4) 若两个最小项只有一个因子不同,则称这两个最小项具有逻辑相邻性。具有逻辑相邻性的最小项之和可合并成一项并消去一对因子。如

$$\overline{A}B\overline{C}+\overline{A}BC=\overline{A}B$$

4. 逻辑函数最小项表达式的概念

如果逻辑函数式的与或表达式中的乘积项均为最小项,则此逻辑函数式称为逻辑函数最小项表达式或标准积之和表达式。

一般来说,任何逻辑函数利用逻辑代数方法,均可将其化为最小项表达式,例如:

$$Y = AB + BC = AB\overline{C} + ABC + \overline{A}BC$$

$$= m_6 + m_7 + m_3 = \sum m(6,7,3)$$

3.3.2 逻辑函数的卡诺图表示

1. 表示最小项的卡诺图

卡诺图是逻辑函数的一种图形表示,它是由工程师卡诺(Karnaugh)首先提出来的,故把这种图形称为卡诺图。

(1) 卡诺图的几何相邻性。

卡诺图将几何正方形或长方形分为 2^n 个小方格。当 2^n 个小方格中某一方格和其他方格具有共同的边时,包括以下三种情况:

① 相接——紧挨着的小方格;

② 相对——任意一行或一列两头的小方格;

③ 相重——四角相邻(对折起来后位置重合)的小方格。

则称这些小方格为几何相邻。

(2) 卡诺图的特点。

把 n 个变量逻辑函数的全部最小项填入上述 2^n 个小方格中,每个最小项占一格并使具有逻辑相邻性的最小项在几何上也相邻地排列,这样所得到的图形称为 n 变量最小项的卡诺图。二变量、三变量、四变量的卡诺图,如图 3-1 所示。

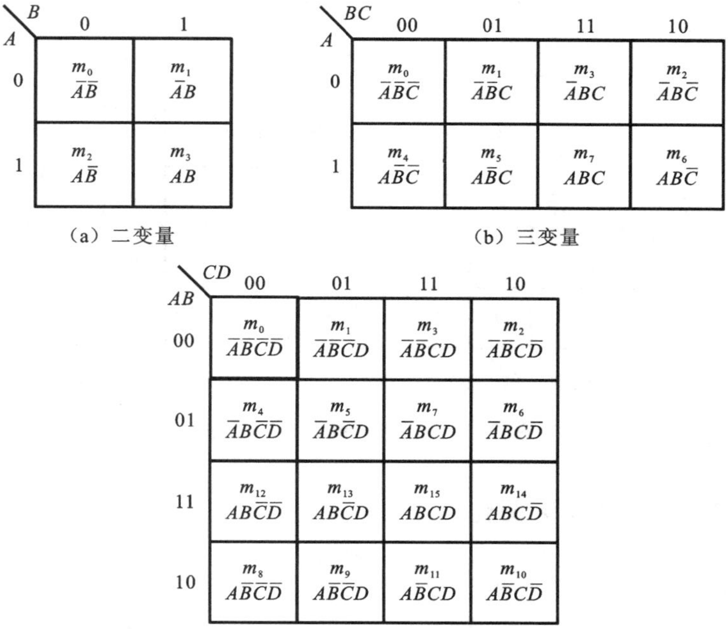

(a) 二变量   (b) 三变量

(c) 四变量

图 3-1　二变量、三变量、四变量的卡诺图

需要注意的是,卡诺图上侧和左侧所标的 0 和 1 表示对应小方格中最小项为 1 的变量取值。另外,为了确保卡诺图中小方格所表示的最小项在几何相邻时也有逻辑相邻性,卡诺图上侧和左侧标注的数码不能按从小到大的规则排列,而是按照循环码标注。

除几何相邻的最小项具有逻辑相邻的性质外,图中每一行或每一列两端的最小项也具有逻辑相邻性,故卡诺图可看成是一个上下、左右闭合的图形。卡诺图用二维空间的几何相邻形象地表示了最小项的逻辑相邻性。

当输入变量的个数在五个或五个以上时,不能仅用二维空间的几何相邻来代表其逻辑相邻性,此时卡诺图比较复杂,一般不常用。

2. 用卡诺图表示逻辑函数

因为任何逻辑函数均可写成最小项表达式,而每个最小项又都可以表示在卡诺图中,所以可用卡诺图来表示逻辑函数。方法为:将逻辑函数化为最小项表达式,然后在卡诺图上将式中出现的最小项所对应的小方格中填1,其余位置填0,得到的即为逻辑函数的卡诺图。

例 3-3 用卡诺图表示下列逻辑函数:$Y_1 = A\bar{B} + B\bar{C}$,$Y_2 = AB\bar{C} + A\bar{B}D + AC\bar{D}$。

解 先将逻辑函数化为最小项表达式:

$$Y_1 = A\bar{B}(C+\bar{C}) + (A+\bar{A})B\bar{C}$$
$$= A\bar{B}C + A\bar{B}\bar{C} + AB\bar{C} + \bar{A}B\bar{C}$$
$$= m_5 + m_4 + m_6 + m_2$$
$$Y_2 = AB\bar{C}(\bar{D}+D) + A\bar{B}D(\bar{C}+C) + AC\bar{D}(\bar{B}+B)$$
$$= AB\bar{C}\bar{D} + AB\bar{C}D + A\bar{B}CD + A\bar{B}\bar{C}D + A\bar{B}C\bar{D} + ABC\bar{D}$$
$$= m_{12} + m_{13} + m_{11} + m_9 + m_{10} + m_{14}$$

然后在卡诺图中对应最小项的小方格中填1,其余位置填0,即可得到函数 Y_1 和 Y_2 的卡诺图,如图 3-2 所示。

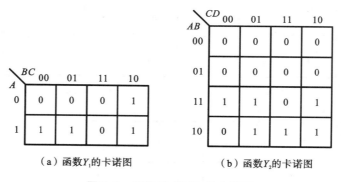

（a）函数 Y_1 的卡诺图   （b）函数 Y_2 的卡诺图

图 3-2 函数 Y_1 和 Y_2 的卡诺图

3.3.3 逻辑函数的卡诺图化简

1. 化简方法

由于卡诺图中几何相邻的最小项在逻辑上也有相邻性,而逻辑相邻的两个最小项只有一个因子不同,根据 $A+\bar{A}=1$ 和 $A \cdot \bar{A}=0$ 可知,将它们相加,可以消去不同的因子,只留下公因子,这就是卡诺图化简法的依据。

卡诺图化简法的步骤如下。

（1）将逻辑函数化成最小项表达式。

（2）用卡诺图表示逻辑函数。

（3）找出可以合并（即几何相邻）的最小项,并用包围圈将其圈住。

(4) 选取可合并的最小项的公因子作为乘积项，这样的乘积项之和即为化简后的逻辑函数。

在进行卡诺图化简时，为了保证化简的准确无误，在选取可合并的最小项时应遵循以下几条原则。

(1) 包围圈所圈住的相邻最小项(即小方块中对应的 1)的个数应为 2、4、8、16 等，即为 2^n 个。

(2) 包围圈越大，即圈中所包含的最小项越多，乘积项中变量越少，化简的结果越简单。

(3) 包围圈的个数越少越好。个数越少，乘积项就越少，化简后的结果就越简单。

(4) 应将函数的所有最小项都圈完。

(5) 画包围圈时，最小项可以被重复包围，但每个圈中至少有一个最小项不被其他包围圈所圈住，以保证该化简项的独立性。卡诺图化简示意图如图 3-3 所示。

(a) $Y=AC$　(b) $Y=A\overline{C}$

(c) $Y=A\overline{B}$

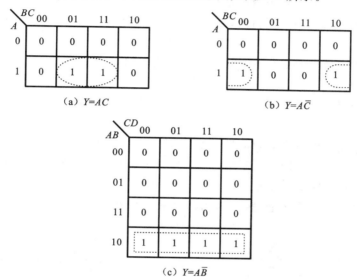

图 3-3　卡诺图化简示意图

例 3-4　用卡诺图化简逻辑函数 $Y=ABC+ABD+\overline{C}\overline{D}+A\overline{B}C+\overline{A}C\overline{D}+A\overline{C}D$。

解　先将逻辑函数 Y 化为最小项表达式的形式，即

$$\begin{aligned}
Y &= ABC+ABD+\overline{C}\overline{D}+A\overline{B}C+\overline{A}C\overline{D}+A\overline{C}D \\
&= ABC(\overline{D}+D)+ABD(\overline{C}+C)+\overline{C}\overline{D}(\overline{A}+A)(\overline{B}+B) \\
&\quad +A\overline{B}C(\overline{D}+D)+\overline{A}C\overline{D}(\overline{B}+B)+A\overline{C}D(\overline{B}+B) \\
&= ABC\overline{D}+ABCD+AB\overline{C}D+\overline{A}\overline{B}\overline{C}\overline{D}+A\overline{B}\overline{C}\overline{D}+\overline{A}B\overline{C}\overline{D} \\
&\quad +AB\overline{C}\overline{D}+A\overline{B}C\overline{D}+A\overline{B}CD+\overline{A}\overline{B}C\overline{D}+\overline{A}BC\overline{D}+A\overline{B}\overline{C}D \\
&= m_{14}+m_{15}+m_{13}+m_0+m_8+m_4+m_{12}+m_{10}+m_{11}+m_2+ \\
&\quad m_6+m_9
\end{aligned}$$

图 3-4　例 3-4 的卡诺图

再用卡诺图(见图 3-4)表示逻辑函数 Y，并根据化简方法进行化简。

根据图 3-4，可得：

$$Y=A+\overline{D}$$

2. 具有无关项的逻辑函数化简

在实际工作中经常会遇到这样的逻辑函数，输入逻辑变量的取值组合有时不是任意的，而

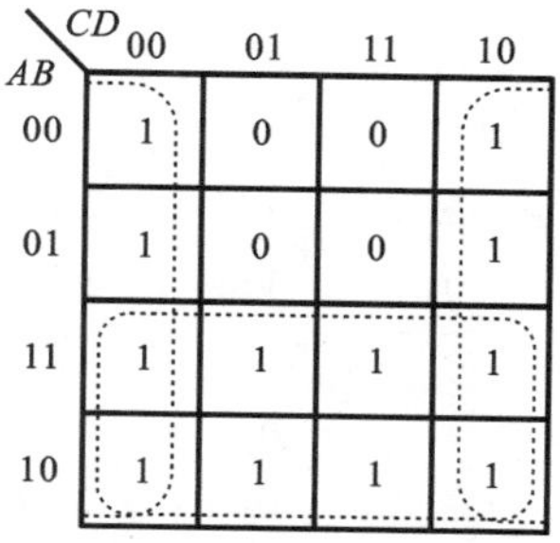

受到一定条件的限制。例如,用二进制代码表示十进制数时,$ABCD$ 取值为 0000~1001 对应 0~9,而 $ABCD$ 取值为 1010~1111 没有被采用,当 $ABCD$ 的取值一旦为 1010~1111 时,人们对函数值是 0 还是 1 并不关心,称这种对电路功能无影响的最小项为任意项,而将约束项与任意项统称为无关项。这里所说的无关是指是否把这些最小项写入函数式中无关紧要,可以写也可以不写。

在函数式中,经常用 $\sum d(1,2,\cdots,n)$ 表示无关项。

为了分析问题方便起见,无关项一般用 ϕ 或×表示,其值取 0 或取 1,视函数化为最简的情况而定。

由于无关项要么不在逻辑函数中出现,要么出现,但其值取 0 或取 1,对电路的逻辑功能无影响。因此对具有无关项的逻辑函数进行化简时,无关项既可以取 0,又可以取 1,化简的具体步骤如下。

(1)将函数式中最小项在卡诺图对应的小方格中填 1,无关项在对应的小方格中填 ϕ(或×),其余位置补 0。

(2)画包围圈时将无关项看成是 1 还是 0,以得到的包围圈最大,包围圈的个数最少为原则。

(3)包围圈中至少有一个有效的最小项,不能全是无关项。

例 3-5 表 3-2 是一个用于判断用二进制代码表示的十进制数是否大于或等于 5 的真值表,试写出其最简单的与或表达式。

解 根据表 3-2 所示的真值表,可画出四变量的卡诺图,如图 3-5 所示,经化简后可得:
$$Y=A+BD+BC$$

表 3-2 例 3-5 的真值表

A	B	C	D	Y
0	0	0	0	0
0	0	0	1	0
0	0	1	0	0
0	0	1	1	0
0	1	0	0	0
0	1	0	1	1
0	1	1	0	1
0	1	1	1	1
1	0	0	0	1
1	0	0	1	1
1	0	1	0	×
1	0	1	1	×
1	1	0	0	×
1	1	0	1	×
1	1	1	0	×
1	1	1	1	×

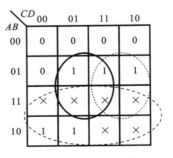

图 3-5 例 3-5 的卡诺图

习 题 3

3-1 利用真值表,证明下列各等式。

(1) $A+\bar{A}B=A+B$;

(2) $(A\oplus B)\oplus C=A\oplus(B\oplus C)$;

(3) $A\oplus 0=A$;

(4) $\overline{A\oplus B}=\bar{A}\bar{B}+AB$。

3-2 利用逻辑代数定律证明下列等式。

(1) $ABC+A\bar{B}C+AB\bar{C}=AB+AC$;

(2) $AB+\bar{A}C+BCD=AB+\bar{A}C$;

(3) $A+A\bar{B}C+\bar{A}CD+(\bar{C}+\bar{D})E=A+CD+E$。

3-3 直接写出下列各函数的反函数表达式。

(1) $F=[(A\bar{B}+C)D+E]=B$;

(2) $F=[\bar{A}B(C+D)][B\bar{C}D+B(\bar{C}+D)]$;

(3) $F=\overline{C+\overline{\overline{AB}\bar{A}B+\bar{C}}}$;

(4) $F=AB+\overline{CD}+\overline{BC}+\bar{D}+CE+\overline{\bar{B}+E}$。

3-4 使用代数化简法对下列逻辑函数进行化简。

(1) $AB(BC+B)$;

(2) $(\bar{A}+\bar{B})(A+B)$;

(3) $\overline{\overline{AB}C}(B+\bar{C})$;

(4) $A+ABC+A\,\overline{BC}+CB+C\bar{B}$;

(5) $AB+\bar{A}B+\bar{A}\bar{B}+A\bar{B}$;

(6) $(A+B+C)(A+\bar{B}+\bar{C})$;

(7) $\overline{ABC}+A\bar{B}C+ABC+A+B\bar{C}$;

(8) $ABC\bar{D}+ABD+BC\bar{D}+ABCD+B\bar{C}$;

(9) $\overline{\overline{\overline{A\bar{B}+ABC}+A(B+A\bar{B})}}$。

3-5 将下列逻辑函数转换成为最小项表达式。

(1) $L=ABC+AB+A\bar{C}$;

(2) $L=\overline{A\oplus B\oplus C}+B\bar{C}$;

(3) $L=\overline{A(B+C)}$。

3-6 用卡诺图化简下列各式。

(1) $\overline{AC}+\bar{A}BC+\bar{B}C+AB\bar{C}$;

(2) $A\bar{B}CD+AB\bar{C}D+A\bar{B}+A\bar{D}+AB\bar{C}$;

(3) $L(A,B,C,D)=\sum m(3,4,5,6,9,10,12,13,14,15)$;

(4) $L(A,B,C,D)=\sum m(0,1,2,5,6,7,8,9,13,14)$;

(5) $L(A,B,C,D)=\sum m(0,2,4,6,9,13)+\sum d(1,3,5,7,11,15)$;

(6) $L(A,B,C,D) = \sum m(0,13,14,15) + \sum d(1,2,3,9,10,11)$。

3-7　用与非门实现下列函数。

(1) $AC+BC$；

(2) $L=\overline{B(A+C)}$。

第4章　组合逻辑电路的分析和设计

我们在前3章已学习了数字电路的基本知识。本章将从应用的角度出发,通过学习数字电路中各类数字部件的功能,学会使用数字逻辑的基本方法来解决逻辑问题,并用这些基本方法来分析或设计一个完整的实际系统。

数字电路按功能通常可分为组合逻辑电路和时序逻辑电路两大类。本章将讨论组合逻辑电路的分析和设计方法,并介绍一些常用的组合逻辑器件。

4.1　组合逻辑电路概述

组合逻辑电路的应用十分广泛,不仅能独立完成各种功能复杂的逻辑运算,而且又是时序逻辑电路的组成部分,所以组合逻辑电路在逻辑设计中占有很重要的位置。

4.1.1　组合逻辑电路的定义

在数字系统中,由三种基本逻辑运算(与运算、或运算、非运算)组合而成的逻辑函数,称为组合逻辑函数。组合逻辑函数的特点为:任何时刻,函数的逻辑值唯一地由对应的输入逻辑变量的取值组合确定。因此,组合逻辑电路定义为:在任何时刻,逻辑电路的输出状态仅仅取决于这个时刻电路输入变量的取值组合,而与电路过去的输入状态无关,这样的逻辑电路就称作组合逻辑电路。

4.1.2　组合逻辑电路的组成

组合逻辑电路的框图,如图 4-1 所示。

图 4-1　组合逻辑电路的框图

其中,输入变量为 n 个($X_1, X_2, \cdots, X_n$),输出变量为 m 个($F_1, F_2, \cdots, F_m$)。输出变量与输入变量之间的逻辑关系可用如下的逻辑函数来表示。

$$F_1 = f_1(X_1, X_2, \cdots, X_n)$$
$$F_2 = f_2(X_1, X_2, \cdots, X_n)$$
$$\vdots \qquad\qquad\qquad (4\text{-}1)$$
$$F_m = f_m(X_1, X_2, \cdots, X_n)$$

式(4-1)描述了组合逻辑功能,即由逻辑器件无反馈连接起来的组合网络。

4.1.3 组合逻辑电路的特点

组合逻辑电路的特点如下。

(1) 没有记忆功能。由于组合逻辑电路的输出状态仅由当时的输入状态决定,所以它没有记忆功能。从电路的结构上来说,组合逻辑电路仅仅是由一些单元门电路组成的,而不包含任何具有记忆功能的单元电路。

(2) 无反馈。没有任何反馈形式的电路存在,如图 4-1 所示的组合逻辑电路的框图和式 (4-1)中,没有从输出到输入的反馈信号作为这个电路的输入变量。

4.2 组合逻辑电路的分析

逻辑电路分析的目的,就是对已有的电路用布尔代数的方法,研究其工作特性和功能,从而得出它的逻辑功能。组合逻辑电路分析的任务就是要找出电路的输出变量和输入变量之间的逻辑关系,从而找出电路的逻辑功能。反之,已知电路的逻辑功能和要求,用逻辑组合来实现的过程称为逻辑电路的设计。

4.2.1 组合逻辑电路的一般分析方法及步骤

组合逻辑电路是逻辑电路,所以对其分析时可从电路的任何部分开始,逐级进行分析,找出每级的输入、输出之间的逻辑关系,即

(1) 根据给出的组合逻辑电路图,先写出逻辑表达式。一般从输入端开始,逐级写出各逻辑门的输出函数,直到写到电路输出端的逻辑表达式为止。(或从输出端开始)

(2) 化简和变换各逻辑表达式。

(3) 列出真值表,从真值表概括出逻辑电路的逻辑功能。

(4) 检查电路的设计方案,思考是否还有更佳的设计方案。

综上所述,可以概括出组合逻辑电路分析过程示意图,如图 4-2 所示。

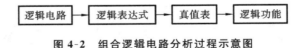

图 4-2 组合逻辑电路分析过程示意图

4.2.2 组合逻辑电路的分析举例

例 4-1 分析图 4-3 所示电路的逻辑功能。

解 第一步,根据逻辑电路图可写出输出函数 F 的逻辑表达式为

$$F_1 = \overline{A}$$

$$F_2 = \overline{B}$$

$$F_3 = \overline{\overline{A}\,\overline{B}}$$

$$F_4 = \overline{A\bar{B}}$$

$$F = \overline{\overline{\overline{A}B}\,\overline{A\bar{B}}}$$

第二步,对 F 进行化简,得

$$F = \overline{\overline{\overline{A}B}\,\overline{A\bar{B}}}$$

$$= \overline{\overline{A}B} + \overline{A\bar{B}}$$

$$= \bar{A}B + A\bar{B}$$

$$= A \oplus B$$

第三步,由化简后的表达式填写真值表,如表 4-1 所示。

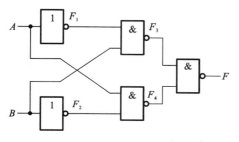

图 4-3 例 4-1 的逻辑电路图

表 4-1 例 4-1 的真值表

A	B	F
0	0	0
0	1	1
1	0	1
1	1	0

由真值表可以看出,该电路为异或门电路。这说明,当电路确定后,其功能就被唯一确定,而要实现相同的逻辑功能,其电路却不一定是唯一的。

例 4-2 分析图 4-4 所示电路的逻辑功能。

解 第一步,写出输出端的逻辑表达式。

先找出电路中的输入端和输出端,从该电路结构可看出有三个输入端、两个输出端。然后设立变量。从逻辑电路图中可以得到

$$X_1 = \overline{AB}$$

$$X_2 = \overline{AX_1}$$

$$X_3 = \overline{BX_1}$$

$$X_4 = \overline{X_2 X_3} = \overline{\overline{AX_1}\,\overline{BX_1}} = \overline{\overline{AX_1}} + \overline{\overline{BX_1}}$$

$$= AX_1 + BX_1 = A\,\overline{AB} + B\,\overline{AB}$$

$$= A\bar{B} + \bar{A}B = A \oplus B$$

下面推导 S 和 C_i 的逻辑表达式。由图 4-4 可见,X_5、X_6、X_7 和输出 S 构成的电路与 X_1 至 X_4 构成的电路结构一样,于是可得

$$S = C_{i-1} \oplus X_4 = C_{i-1} \oplus (A \oplus B) = A \oplus B \oplus C_{i-1}$$

而 C_i 的逻辑表达式为

$$C_i = \overline{X_1 X_5} = \overline{\overline{AB}\,\overline{X_4 C_{i-1}}} = AB + C_{i-1}(A \oplus B)$$

于是,输出端的逻辑表达式为

$$S = A \oplus B \oplus C_{i-1}$$

$$C_i = AB + C_{i-1}(A \oplus B)$$

第二步,根据逻辑表达式列出真值表,如表 4-2 所示。

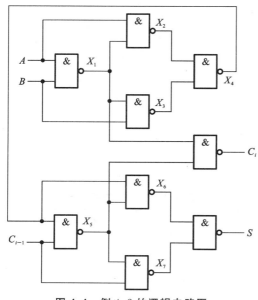

图 4-4　例 4-2 的逻辑电路图

表 4-2　例 4-2 的真值表

输入			输出	
A	B	C_{i-1}	C_i	S
0	0	0	0	0
0	0	1	0	1
0	1	0	0	1
0	1	1	1	0
1	0	0	0	1
1	0	1	1	0
1	1	0	1	0
1	1	1	1	1

列真值表的前提是要得到正确的逻辑表达式，然后将每种输入组合代入其中进行逻辑运算，从而得到输出结果。

第三步，分析电路的逻辑功能。

根据真值表可以分析出电路的逻辑功能。本电路的逻辑功能分析如下。

（1）S 具有奇数 1 检测功能。当 A、B、C_{i-1} 中 1 的个数为奇数时，输出为 1，否则输出为 0。

（2）若把 A、B 看成被加数，C_{i-1} 为低一位的进位，则 S 是这三个数的和；C_i 是向高位的进位，从真值表中的输入、输出之间的关系可以判断该逻辑电路是全加器。

4.2.3　组合逻辑电路分析的意义

通过上面几个例题的分析，可以发现：当遇到复杂电路时，可利用数字电路输入、输出之间的逻辑关系，采用先分割再结合的原则分段解决问题。该方法也是数字系统和计算机在维修、设计、制造中常用思维方法之一。随着半导体技术的进一步发展，集成电路的集成规模呈几何级数变化，应用系统中的电路规模同样从小规模→中规模→大规模→超大规模→模块→板卡→系统集成，以满足需求。但基本的思维方法仍然是分析输入和输出之间的逻辑关系。

通常为了理解某个逻辑电路的设计思路，或要将某一逻辑电路使用的门电路用其他类型的门电路替换改进，或在进行产品仿制时要考虑电路是否经济、合理以及原设计有何不足之处等，都要用到组合电路的分析方法。

4.3　组合逻辑电路的设计

组合逻辑电路设计的任务是根据给定的逻辑问题，设计出能实现其逻辑功能的逻辑电路，最后画出实现逻辑功能的逻辑图。

4.3.1 组合逻辑电路的一般设计步骤

组合逻辑电路的一般设计步骤如下。

（1）根据给定的逻辑问题建立真值表。首先需要明确所给定的逻辑问题中输入逻辑变量、输出逻辑变量是什么，各有几个，两者的逻辑关系是什么。然后用真值表把这种逻辑关系中所有的情况描述出来。建立真值表是组合逻辑电路设计的关键。

（2）根据真值表写出逻辑函数的最小项表达式。

（3）化简所得的表达式，并根据有关要求将所得的表达式转换成相应的逻辑函数表达式。

（4）画出对应的逻辑电路图。

4.3.2 组合逻辑电路的设计举例

例 4-3 用与非门设计一个异或门电路。

解 第一步，列写真值表。

设输入变量为 A、B，输出变量为 F。异或门要求两个输入变量 A、B 取值相同时，输出 F 为 0；A、B 取值不同时，输出 F 为 1。由此得真值表，如表 4-3 所示。

第二步，由真值表写出最小项表达式为

$$F=\overline{A}B+A\overline{B}$$

第三步，由于规定用与非门实现，因此，需将最小项表达式转换成与非-与非表达式，即

$$F=\overline{A}B+A\overline{B}=\overline{\overline{\overline{A}B+A\overline{B}}}=\overline{\overline{\overline{A}B}\cdot\overline{A\overline{B}}}$$

第四步，画出对应的逻辑电路图，如图 4-5 所示。

表 4-3 **异或门真值表**

A	B	F
0	0	0
0	1	1
1	0	1
1	1	0

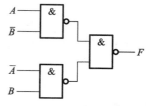

图 4-5 例 4-3 的逻辑电路图

例 4-4 三人表决电路如图 4-6 所示，设计一个三人表决逻辑电路。要求：三个人各控制一个按键，按下为 1，不按为 0。三个人中，有两个或三个人按下为通过。通过，$L=1$；不通过，$L=0$。用与非门实现。

解 第一步，根据题意，列出真值表。

设 A、B、C 为输入变量，表示参加表决的三个人所控制的按键，L 为输出变量，表示输出结果。真值表如表 4-4 所示。

第二步，根据真值表，写出逻辑函数表达式。这里直接把真值表转化成卡诺图，如图 4-7 所示，并得到简化的逻辑函数表达式为

$$L=AC+BC+AB$$

第三步，由于要求用与非门实现电路，因此还需将得到的表达式转换为与非-与非的形式，即

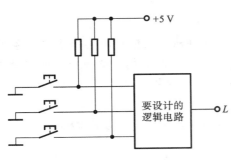

图 4-6　例 4-4 三人表决电路

表 4-4　例 4-4 的真值表

A	B	C	L
0	0	0	0
0	0	1	0
0	1	0	0
0	1	1	1
1	0	0	0
1	0	1	1
1	1	0	1
1	1	1	1

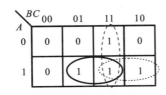

图 4-7　例 4-4 的卡诺图

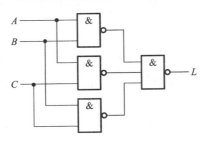

图 4-8　例 4-4 的逻辑电路图

$$L = AC + BC + AB = \overline{\overline{AC + BC + AB}} = \overline{\overline{AC} \cdot \overline{BC} \cdot \overline{AB}}$$

第四步,根据表达式,画出逻辑电路图,如图 4-8 所示。

4.4　常用的组合逻辑器件

4.4.1　编码器

在数字系统中,常常需要将具有特定意义的信息(如数字或字符),编成相应的若干位 n 进制代码,这一过程称为编码。实现编码的电路称为编码器。

1. 普通编码器

目前经常使用的编码器有普通编码器和优先编码器两类。在普通编码器中,任何时刻只允许输入一个编码请求信号,否则输出将发生混乱。

现以 3 位二进制普通编码器为例,分析一下普通编码器的工作原理。图 4-9 为一个 3 位二进制编码器的示意图,它的输入 $I_0 \sim I_7$ 为 8 个高低电平信号,输出是 3 位二进制代码(用 Y_2、Y_1、Y_0 表示)。因此,它又称为 8 线-3 线编码器,其真值表如表 4-5 所示。

图 4-9　8 线-3 线编码器

表 4-5 8 线-3 线编码器的真值表

输 入								输 出		
I_0	I_1	I_2	I_3	I_4	I_5	I_6	I_7	Y_2	Y_1	Y_0
1	0	0	0	0	0	0	0	0	0	0
0	1	0	0	0	0	0	0	0	0	1
0	0	1	0	0	0	0	0	0	1	0
0	0	0	1	0	0	0	0	0	1	1
0	0	0	0	1	0	0	0	1	0	0
0	0	0	0	0	1	0	0	1	0	1
0	0	0	0	0	0	1	0	1	1	0
0	0	0	0	0	0	0	1	1	1	1

由真值表写出对应的逻辑表达式为

$$Y_2 = \bar{I}_0\bar{I}_1\bar{I}_2\bar{I}_3I_4\bar{I}_5\bar{I}_6\bar{I}_7 + \bar{I}_0\bar{I}_1\bar{I}_2\bar{I}_3\bar{I}_4I_5\bar{I}_6\bar{I}_7$$
$$+ \bar{I}_0\bar{I}_1\bar{I}_2\bar{I}_3\bar{I}_4\bar{I}_5I_6\bar{I}_7 + \bar{I}_0\bar{I}_1\bar{I}_2\bar{I}_3\bar{I}_4\bar{I}_5\bar{I}_6I_7$$
$$Y_1 = \bar{I}_0\bar{I}_1I_2\bar{I}_3\bar{I}_4\bar{I}_5\bar{I}_6\bar{I}_7 + \bar{I}_0\bar{I}_1\bar{I}_2I_3\bar{I}_4\bar{I}_5\bar{I}_6\bar{I}_7 \quad (4\text{-}2)$$
$$+ \bar{I}_0\bar{I}_1\bar{I}_2\bar{I}_3\bar{I}_4\bar{I}_5I_6\bar{I}_7 + \bar{I}_0\bar{I}_1\bar{I}_2\bar{I}_3\bar{I}_4\bar{I}_5\bar{I}_6I_7$$
$$Y_0 = \bar{I}_0I_1\bar{I}_2\bar{I}_3\bar{I}_4\bar{I}_5\bar{I}_6\bar{I}_7 + \bar{I}_0\bar{I}_1\bar{I}_2I_3\bar{I}_4\bar{I}_5\bar{I}_6\bar{I}_7$$
$$+ \bar{I}_0\bar{I}_1\bar{I}_2\bar{I}_3\bar{I}_4I_5\bar{I}_6\bar{I}_7 + \bar{I}_0\bar{I}_1\bar{I}_2\bar{I}_3\bar{I}_4\bar{I}_5\bar{I}_6I_7$$

如果 $I_0 \sim I_7$ 中仅有一个取值为 1,即输入变量取值的组合仅有表 4-5 中列出的 8 种状态,则输入变量为其他取值时,其值等于 1 的那些最小项均为约束项。利用这些约束项将式(4-2)化简,得到

$$Y_2 = I_4 + I_5 + I_6 + I_7$$
$$Y_1 = I_2 + I_3 + I_6 + I_7 \quad (4\text{-}3)$$
$$Y_0 = I_1 + I_3 + I_5 + I_7$$

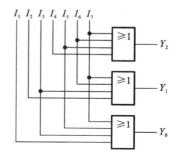

图 4-10 8 线-3 线编码器的
逻辑电路图

图 4-10 就是根据式(4-3)得到的 8 线-3 线编码器的逻辑电路图,这个电路由 3 个或门构成。

在普通编码器中除了二进制编码器外,常用的还有 8421BCD 码编码器。因为计算机只能识别二进制代码,而人们习惯于用十进制数,因此,在向计算机输入数据时,需要进行十进制数向二进制数的转换,键控 8421BCD 码编码器就可完成此任务。计算机的键盘输入逻辑电路就是由这种编码器组成的。

图 4-11 是由十个按键和门电路组成的 8421BCD 码编码器电路图。

其中 $S_0 \sim S_9$ 代表十个按键,$S_0 \sim S_9$ 作为输入逻辑变量(输入低电平有效),$ABCD$ 为代码输出(A 为最高位)。

当按下某一按键,如按下 S_3 时,则 $S_3 = 0$,其余均为 1,这时 $ABCD = 0011$。同理当按下不同按键时,便得到相应的输出代码。由此可列出键控 8421BCD 码编码器的真值表,如表 4-6 所示。

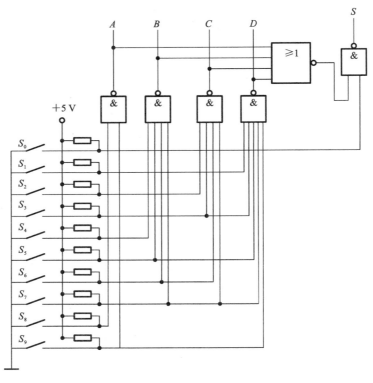

图 4-11　键控 8421BCD 码编码器电路图

表 4-6　8421BCD 码编码器真值表

输入										输出				
S_9	S_8	S_7	S_6	S_5	S_4	S_3	S_2	S_1	S_0	A	B	C	D	S
1	1	1	1	1	1	1	1	1	1	0	0	0	0	0
1	1	1	1	1	1	1	1	1	0	0	0	0	0	1
1	1	1	1	1	1	1	1	0	1	0	0	0	1	1
1	1	1	1	1	1	1	0	1	1	0	0	1	0	1
1	1	1	1	1	1	0	1	1	1	0	0	1	1	1
1	1	1	1	1	0	1	1	1	1	0	1	0	0	1
1	1	1	1	0	1	1	1	1	1	0	1	0	1	1
1	1	1	0	1	1	1	1	1	1	0	1	1	0	1
1	1	0	1	1	1	1	1	1	1	0	1	1	1	1
1	0	1	1	1	1	1	1	1	1	1	0	0	0	1
0	1	1	1	1	1	1	1	1	1	1	0	0	1	1

　　由表 4-6 可见,在表 4-6 中,第一行和第二行所描述的情况,不论是否按下 S_0 键,ABCD 都为 0,为了区分 S_0 键是否被按下,设置了 S 输出端,称为控制使用标志。当按下 $S_0 \sim S_9$ 中任一按键时,S 均为 1;当不按键时,S 为 0。这样可以利用控制使用标志 S 的高、低电平来判断

按键是否被按下。

2. 优先编码器

普通编码器电路虽然简单,当同时按下多个键时,其输出将是混乱的。在数字系统中,特别是在计算机系统中,常常要控制几个工作对象。例如,计算机主机要控制打印机、磁盘驱动器、键盘等。当某个部件需要实现操作时,需要先发送一个信号给主机(称为服务请求),经主机识别后再发出允许操作信号(称为服务响应),并按事先编好的程序工作。这里会有几个部件同时发出服务请求的可能,但在同一时刻只能给其中一个部件发出允许操作信号。因此,必须根据请求的轻重缓急,规定好这些控制对象允许操作的先后顺序,即优先级别。

在优先编码器电路中,允许同时输入几个编码信号。不过在设计优先编码器时已经将所有的输入信号设定了优先级别,当几个输入信号同时出现时,只对其中优先级别最高的一个输入信号进行编码。

优先编码器 74LS148 的逻辑符号,如图 4-12 所示。表 4-7 给出了 74LS148 的功能表。它的输入和输出均以低电平作为有效信号。从功能表可以写出输出 A_0、A_1、A_2 的逻辑表达式,即

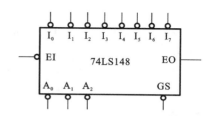

图 4-12 优先编码器 74LS148 的逻辑符号

$$
\begin{aligned}
A_2 &= \mathrm{EI} + \overline{\mathrm{EI}}(I_0 I_1 I_2 I_3 I_4 I_5 I_6 I_7 + \overline{I_0} I_1 I_2 I_3 I_4 I_5 I_6 I_7 \\
&\quad + \overline{I_1} I_2 I_3 I_4 I_5 I_6 I_7 + \overline{I_2} I_3 I_4 I_5 I_6 I_7 + \overline{I_3} I_4 I_5 I_6 I_7) \\
&= \mathrm{EI} + \overline{\mathrm{EI}} I_4 I_5 I_6 I_7 = \mathrm{EI} + I_4 I_5 I_6 I_7 \\
&= \overline{\overline{\mathrm{EI} + I_4 I_5 I_6 I_7}} = \overline{\overline{\mathrm{EI}} \cdot \overline{I_4 I_5 I_6 I_7}} \\
&= \overline{\overline{\mathrm{EI}}(\overline{I_4} + \overline{I_5} + \overline{I_6} + \overline{I_7})} \\
&= \overline{\overline{\mathrm{EI}\,\overline{I_4}} + \overline{\mathrm{EI}\,\overline{I_5}} + \overline{\mathrm{EI}\,\overline{I_6}} + \overline{\mathrm{EI}\,\overline{I_7}}} \tag{4-4}
\end{aligned}
$$

$$
A_1 = \overline{\overline{\mathrm{EI}\,\overline{I_2}} I_4 I_5 + \overline{\mathrm{EI}\,\overline{I_3}} I_4 I_5 + \overline{\mathrm{EI}\,\overline{I_6}} + \overline{\mathrm{EI}\,\overline{I_7}}} \tag{4-5}
$$

$$
A_0 = \overline{\overline{\mathrm{EI}\,\overline{I_1}} I_2 I_4 I_6 + \overline{\mathrm{EI}\,\overline{I_3}} I_4 I_6 + \overline{\mathrm{EI}\,\overline{I_5}} I_6 + \overline{\mathrm{EI}\,\overline{I_7}}} \tag{4-6}
$$

表 4-7 74LS148 的功能表

	输 入								输 出				
EI	I_0	I_1	I_2	I_3	I_4	I_5	I_6	I_7	A_2	A_1	A_0	EO	GS
1	×	×	×	×	×	×	×	×	1	1	1	1	1
0	1	1	1	1	1	1	1	1	1	1	1	0	1
0	×	×	×	×	×	×	×	0	0	0	0	1	0
0	×	×	×	×	×	×	0	1	0	0	1	1	0
0	×	×	×	×	×	0	1	1	0	1	0	1	0
0	×	×	×	×	0	1	1	1	0	1	1	1	0
0	×	×	×	0	1	1	1	1	1	0	0	1	0
0	×	×	0	1	1	1	1	1	1	0	1	1	0
0	×	0	1	1	1	1	1	1	1	1	0	1	0
0	0	1	1	1	1	1	1	1	1	1	1	1	0

为了扩展电路的功能和增加使用的灵活性,在 74LS148 的逻辑电路中附加了控制电路。其中 EI 为输入使能标志端,只有在 EI＝0 的条件下,编码器才能正常工作。而在 EI＝1 时,所有的输出端均被封锁在高电平。

EO 为输出使能标志端,GS 为工作状态标志端,由功能表可知

$$\overline{EO} = \overline{EI} \cdot I_0 I_1 I_2 I_3 I_4 I_5 I_6 I_7$$
$$EO = \overline{\overline{EI} \cdot I_0 I_1 I_2 I_3 I_4 I_5 I_6 I_7} \tag{4-7}$$

式(4-7)表明,只有当所有的编码输入端都是高电平,即没有编码输入,而且 EI＝0 时,EO 才是低电平。因此,EO 为低电平时表示电路工作,但无编码输入。

$$GS = EI + \overline{EI} \cdot I_0 I_1 I_2 I_3 I_4 I_5 I_6 I_7$$
$$= EI + \overline{EO} = \overline{\overline{EI} \cdot EO} \tag{4-8}$$

这说明只有任何一个编码输入端有低电平信号输入,且 EO＝1,GS 即为低电平。因此,GS 为低电平时表示电路工作,而且有编码输入。

由表 4-7 不难看出,在 EI＝0 时,电路处于正常工作状态,允许 $I_0 \sim I_7$ 中同时有几个输入端为低电平,即有编码输入信号。I_7 的优先权最高,I_0 的优先权最低。当 $I_7 = 0$ 时,无论其他输入端有无输入信号(表 4-7 中以×表示),输出端只给出 I_7 的编码,即 $A_2 A_1 A_0 = 000$。当 $I_7 = 1, I_6 = 0$ 时,无论其他输入端有无输入信号,只对 I_6 编码,即 $A_2 A_1 A_0 = 001$。其余的输入状态请读者自行分析。

表 4-7 中出现 $A_2 A_1 A_0 = 111$ 的 3 种情况可以用 EO 和 GS 的不同状态加以区分。

下面通过一个具体例子来说明利用 EO 和 GS 信号实现电路功能扩展的方法。

例 4-5 试用两片 74LS148 构成 16 线-4 线优先编码器,将 16 个低电平输入信号($I_0 \sim I_{15}$)分别编为 16 个 4 位二进制代码(0000～1111)。其中,I_{15} 的优先权最高,I_0 的优先权最低。

解 由于每片 74LS148 只有 8 个编码输入,所以需将 16 个输入信号分别接到两片 74LS148 上。现将 $I_{15} \sim I_8$ 这 8 个优先权高的输入信号接到 74LS148(2)的 $I_7 \sim I_0$ 输入端,而将 $I_7 \sim I_0$ 这 8 个优先权低的输入信号接到 74LS148(1)的 $I_7 \sim I_0$ 端,得到了如图 4-13 所示的逻辑图。下面分析其工作原理:

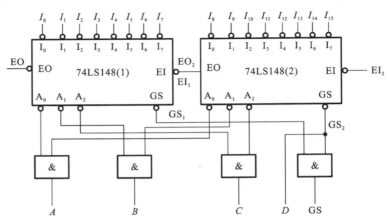

图 4-13 用两片 74LS148 构成的 16 线-4 线优先编码器的逻辑图

(1)当 $EI_2 = 1$ 时,$EO_2 = 1$,从而使 $EI_1 = 1$,这时 74LS148(1)和 74LS148(2)均禁止编码,

它们的输出 $A_2A_1A_0=111$。由图 4-13 可知,$GS=GS_1 \cdot GS_2$,表示此时整个电路的输出代码无效。

(2) 当 $EI_2=0$ 时,高位芯片 74LS148(2) 允许编码,但若 $I_{15} \sim I_8$ 都是高电平,即均无编码请求,则 $EO_2=0$,从而使 $EI_1=0$,允许低位芯片 74LS148(1) 编码,这时高位芯片 74LS148(2) 的 $A_2A_1A_0=111$,使与门 C、B、A 都打开,C、B、A 的状态取决于低位芯片 74LS148(1) 的 $A_2A_1A_0$。而 $D=GS_2=1$,所以输出代码在 1111~1000 变化。如果 I_0 单独有效,输出为 1111;如果 I_7 及任意其他输入同时有效,则输出为 1000。

(3) 当 $EI_2=0$ 且存在有效输入信号(至少一个输入为低电平)时,$EO_2=1$,从而 $EI_1=1$,高位芯片 74LS148(2) 允许编码,低位芯片 74LS148(1) 禁止编码。此时 $D=GS_2=0$,C、B、A 的状态取决于高位芯片 74LS148(2) 的 $A_2A_1A_0$。输出代码在 0111~0000 变化。

整个电路实现了 16 位输入的优先编码,其中 I_{15} 的优先权最高,优先权从 I_{15} 至 I_0 依次递减。

在常用的优先编码器电路中,除了二进制编码器以外,还有一种叫作二-十进制优先编码器。它能将 $I_0 \sim I_9$ 这 10 个输入信号分别编成 10 个 BCD 代码。在 $I_0 \sim I_9$ 这 10 个输入信号中,I_9 的优先权最高,I_0 的优先权最低。常用的二-十进制优先编码器有 74LS147。关于 74LS147 的工作原理这里不再介绍。

4.4.2 译码器

编码是将有特定意义的信息(如数字或字符)编成相应的若干位二进制代码。译码则是与编码相反的过程,即将若干位二进制代码的原意"翻译"出来,还原成有特定意义的输出信息。具有译码功能的逻辑电路称为译码器。译码器是数字系统中最常用的逻辑电路形式之一,在本节中,将介绍两种译码器——数码译码器和显示译码器。

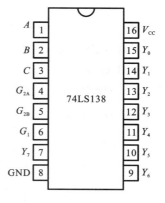

图 4-14　74LS138 的引脚图

1. 数码译码器

数码译码器又称为通用译码器,主要功能包括:唯一地址译码(用于将输入的代码转换为与之一一对应的有效输出信号,为其他芯片提供片选信号,常用于数字系统中的地址译码)、代码变换、构成逻辑函数等。

1) 集成译码器 74LS138

图 4-14 是 74LS138 的引脚图,表 4-8 所示的为 74LS138 的功能表。

从 74LS138 的功能表可以看出:

(1) 译码器有 3 个输入使能端 G_1、G_{2A}、G_{2B},只有当 G_1 输入高电平,且 G_{2A} 和 G_{2B} 输入低电平时,译码器才处于工作状态。

(2) 译码器有 3 个输入端 A、B、C,输入信号共有 8 种组合,74LS138 可以译出 8 个输出信号 $Y_0 \sim Y_7$,因此称该译码器为 3 线-8 线译码器。

(3) 输出信号的有效电平是低电平。

根据 74LS138 的功能表不难得出 74LS138 各输出端的逻辑表达式如下。

表 4-8　74LS138 的功能表

输　入						输　出							
G_1	G_{2A}	G_{2B}	C	B	A	Y_0	Y_1	Y_2	Y_3	Y_4	Y_5	Y_6	Y_7
L	×	×	×	×	×	H	H	H	H	H	H	H	H
×	H	×	×	×	×	H	H	H	H	H	H	H	H
×	×	H	×	×	×	H	H	H	H	H	H	H	H
H	L	L	L	L	L	L	H	H	H	H	H	H	H
H	L	L	L	L	H	H	L	H	H	H	H	H	H
H	L	L	L	H	L	H	H	L	H	H	H	H	H
H	L	L	L	H	H	H	H	H	L	H	H	H	H
H	L	L	H	L	L	H	H	H	H	L	H	H	H
H	L	L	H	L	H	H	H	H	H	H	L	H	H
H	L	L	H	H	L	H	H	H	H	H	H	L	H
H	L	L	H	H	H	H	H	H	H	H	H	H	L

$$Y_0 = \overline{G_1 \overline{G_{2A}} \, \overline{G_{2B}} \, \overline{C} \, \overline{B} \, \overline{A}}, \quad Y_1 = \overline{G_1 \overline{G_{2A}} \, \overline{G_{2B}} \, \overline{C} \, \overline{B} A}$$

$$Y_2 = \overline{G_1 \overline{G_{2A}} \, \overline{G_{2B}} \, \overline{C} B \overline{A}}, \quad Y_3 = \overline{G_1 \overline{G_{2A}} \, \overline{G_{2B}} \, \overline{C} B A}$$

$$Y_4 = \overline{G_1 \overline{G_{2A}} \, \overline{G_{2B}} C \overline{B} \, \overline{A}}, \quad Y_5 = \overline{G_1 \overline{G_{2A}} \, \overline{G_{2B}} C \overline{B} A} \tag{4-9}$$

$$Y_6 = \overline{G_1 \overline{G_{2A}} \, \overline{G_{2B}} C B \overline{A}}, \quad Y_7 = \overline{G_1 \overline{G_{2A}} \, \overline{G_{2B}} C B A}$$

从逻辑表达式可以看出,74LS138 可以产生三变量函数的所有最小项,每个输出端和一个最小项相对应。

2）74LS138 的应用

（1）译码器扩展。

图 4-15 所示电路是利用两片 74LS138 构成的 4 线-16 线译码器。

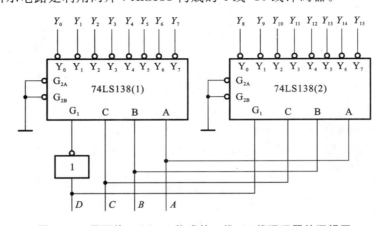

图 4-15　用两片 74LS138 构成的 4 线-16 线译码器的逻辑图

4 线 - 16 线译码器功能分析如下。

① 当 $D=0$ 时, 芯片 74LS138(1)工作, 芯片 74LS138(2)禁止, 芯片 74LS138(2)的所有输出均为高电平。根据 74LS138 的功能表可以判断出芯片 74LS138(1)的译码范围是 $0000\sim0111$。

② 当 $D=1$ 时, 芯片 74LS138(1)禁止, 其输出全部为高电平。芯片 74LS138(2)工作, 对应的译码范围是 $1000\sim1111$。

根据以上分析可得该电路的译码范围为 $0000\sim1111$。

（2）函数发生器。

利用 74LS138 的每个输出端和一个三变量函数的最小项相对应的特点, 可方便地生成任意的一个三变量函数。

例 4-6 利用 74LS138 实现函数 $L=\overline{X}\,\overline{Y}Z+\overline{X}\,\overline{Y}Z+X\overline{Y}Z+XYZ$。

解 ① 把 74LS138 的 G_1 接 +5 V, G_{2A} 和 G_{2B} 接地, 即 $G_1=1$, $G_{2A}=G_{2B}=0$。

② 74LS138 可以产生三变量函数的所有最小项, 每个输出端与一个三变量函数的最小项相对应, 则 $Y_0=\overline{C}\,\overline{B}\,\overline{A}$、$Y_1=\overline{C}\,\overline{B}A$、$Y_2=\overline{C}B\overline{A}$、$Y_3=\overline{C}BA$、$Y_4=C\overline{B}\,\overline{A}$、$Y_5=C\overline{B}A$、$Y_6=CB\overline{A}$、$Y_7=CBA$。

③ 把 X 接到 C, Y 接到 B, Z 接到 A, 要实现的函数

$$L=\overline{X}\,\overline{Y}Z+\overline{X}\,\overline{Y}Z+X\overline{Y}Z+XYZ=\overline{Y}_0+\overline{Y}_1+\overline{Y}_5+\overline{Y}_7$$
$$=\overline{\overline{Y}_0\overline{Y}_1\overline{Y}_5\overline{Y}_7}$$

④ 根据表达式连接 74LS138 的输出端。逻辑电路图如图 4-16 所示。

2. 显示译码器

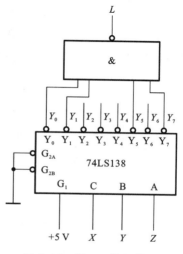

图 4-16 例 4-6 的逻辑图

在数字系统和装置中, 经常需要把数字、文字和符号等二进制编码, 翻译成人们习惯的形式并直观地显示出来, 以便于查看和对话。各种工作方式的显示器件对译码器的要求区别很大, 而实际工作中又希望显示器和译码器配合使用, 甚至直接利用译码器驱动显示器, 人们把这种类型的译码器称为显示译码器。而要弄懂显示译码器, 对最常用的显示器必须有所了解。

（1）数码显示器。

数码显示器按显示方式可分为分段式、点阵式和重叠式, 按发光材料可分为半导体显示器、荧光数码显示器、液晶显示器和气体放电显示器。目前工程上应用较多的是分段式半导体显示器, 通常称为七段发光二极管显示器。图 4-17 所示的为七段发光二极管显示器共阴极 BS201A 和共阳极 BS201B 的符号和电路图。共阴极显示器 BS201A 的公共端应接地, 给输入端 a～g 加相应的高电平, 对应字段的发光二极管显示十进制数; 共阳极显示器 BS201B 的公共端应接 +5 V 电源, 给输入端 a～g 加相应的低电平, 对应字段的发光二极管也显示十进制数。

（2）显示译码器 74LS48。

驱动共阴极显示器需要输出为高电平有效的显示译码器, 而共阳极显示器则需要输出为低电平有效的显示译码器。七段发光二极管显示译码器 74LS48 输出高电平有效, 用以驱动

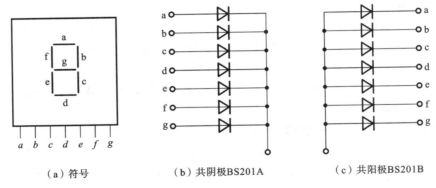

（a）符号　　　　　（b）共阴极BS201A　　　　　（c）共阳极BS201B

图 4-17　七段发光二极管显示器

共阴极显示器。集成显示译码器 74LS48 的功能表如表 4-9 所示。从 74LS48 的功能表可以看出,对输入代码 0000 的译码条件是:LT 和 RBI 同时等于 1,而对其他输入代码则仅要求 LT ＝1,这时,译码器各段 $a\sim g$ 端输出的电平是由输入的 BCD 码决定,并且满足显示字形的要求。该集成显示译码器还设有多个辅助控制端,以增强器件的功能。现对其辅助控制端分别简要说明如下。

表 4-9　集成显示译码器 74LS48 的功能表

十进制或功能	输　　　入						BI/RBO	输　　　入							字形
	LT	RBI	D	C	B	A		a	b	c	d	e	f	g	
0	1	1	0	0	0	0	1	1	1	1	1	1	1	0	0
1	1	×	0	0	0	1	1	0	1	1	0	0	0	0	1
2	1	×	0	0	1	0	1	1	1	0	1	1	0	1	2
3	1	×	0	0	1	1	1	1	1	1	1	0	0	1	3
4	1	×	0	1	0	0	1	0	1	1	0	0	1	1	4
5	1	×	0	1	0	1	1	1	0	1	1	0	1	1	5
6	1	×	0	1	1	0	1	0	0	1	1	1	1	1	6
7	1	×	0	1	1	1	1	1	1	1	0	0	0	0	7
8	1	×	1	0	0	0	1	1	1	1	1	1	1	1	8
9	1	×	1	0	0	1	1	1	1	1	1	0	1	1	9
灭灯	×	×	×	×	×	×	0	0	0	0	0	0	0	0	
动态灭零	1	0	0	0	0	0	0	0	0	0	0	0	0	0	
试灯	0	×	×	×	×	×	1	1	1	1	1	1	1	1	8

① 试灯输入 LT。

当 LT 输入为 0 且 BI/ RBO 输出为 1 时,无论其他输入端是什么状态,所有各段输出 $a\sim g$ 均为 1,显示字形 8。该输入端常用于检查 74LS48 本身及显示器的好坏。

② 动态灭零输入 RBI。

当 LT＝1、RBI ＝0 且输入代码 $DCBA$＝0000 时,各段输出 $a\sim g$ 均为低电平,与输入代码相应的字形 0 熄灭,故称“灭零”。利用 LT＝1、RBI ＝0 可以实现某一位的消隐。

③ 灭灯输入/动态灭灯输出 BI/RBO。

4.4.3 数据选择器

1. 数据选择器(multiplexer)的结构和原理

数据选择器又名多路选择器或多路开关,其基本逻辑功能:在 n 个选择输入信号的控制下,从 2^n 个数据输入信号中选择一个,作为输出,若 $n=2$,则有 2 个选择输入信号,4 个数据输入信号,称为 4 选 1 数据选择器。其示意图如图 4-18 所示。

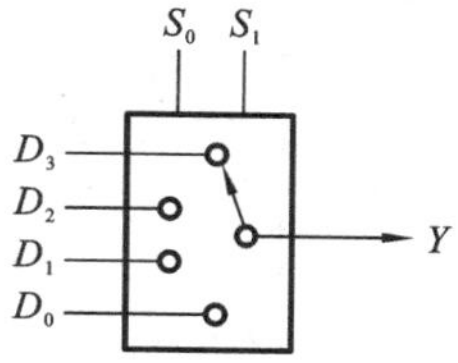

下面以 74LS151 为例介绍集成数据选择器的特点和应用。

从表 4-10 中可以看出,74LS151 有 3 个地址输入端,可以选择 $D_0 \sim D_7$ 共 8 个数据源;有 2 个互补的输出端,即同相输出端 Y 和反相输出端 W;输入端 EN 是使能端,低电平有效。当 74LS151 处于禁止状态时,无论地址输入端为哪种信号,Y 始终输出低电平。图 4-19 为 74LS151 的引脚图。

图 4-18　4 选 1 数据选择器示意图

表 4-10　74LS151 的功能表

输　　　　入				输　　　出	
EN	C	B	A	Y	W
H	$\times$	$\times$	$\times$	L	H
L	L	L	L	D_0	$\overline{D_0}$
L	L	L	H	D_1	$\overline{D_1}$
L	L	H	L	D_2	$\overline{D_2}$
L	L	H	H	D_3	$\overline{D_3}$
L	H	L	L	D_4	$\overline{D_4}$
L	H	L	H	D_5	$\overline{D_5}$
L	H	H	L	D_6	$\overline{D_6}$
L	H	H	H	D_7	$\overline{D_7}$

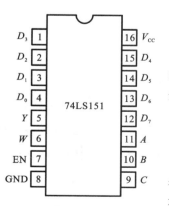

图 4-19　74LS151 的引脚图

当使能端有效时,从功能表可以推出输出 Y 的表达式为

$$Y = \sum_{i=0}^{7} m_i D_i \qquad (4\text{-}10)$$

式中:m_i 为 CBA 的最小项。当 $CBA=100$ 时,只有 m_4 为 1,其余均为 0。因此,输出 $Y=D_4$,即只有数据 D_4 被传送到输出端。

2. 数据选择器 74LS151 的应用

(1) 构建多位数据选择器。

74LSl51 是一位的数据选择器,如果需要多位的数据选择器,只需将各片数据选择器的使能端和相应的地址输入端连接在一起即可。

图 4-20 为用两片 74LS151 构成的 16 选 1 数据选择器的逻辑图。16 选 1 数据选择器的地址输入有 4 位,其最高位 D 和芯片 74LS151(1)的使能端直接相连,经过反相器反相后和芯片 74LS151(2)的使能端相连。这样,当 $D=0$ 时,从芯片

74LS151(1)的 8 个输入中选择 1 个输出;当 $D=1$ 时,从芯片 74LS151(2)的 8 个输入中选择 1 个输出,从而实现 16 选 1 的功能。

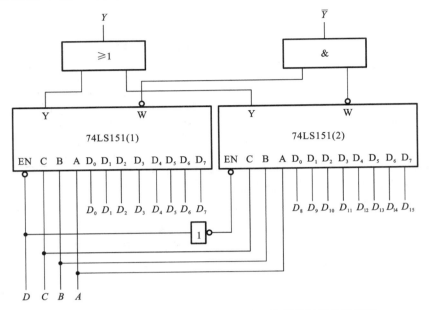

图 4-20 用两片 74LS151 构成的 16 选 1 数据选择器的逻辑图

(2) 函数发生器。

从 74LSl51 输出表达式 $Y=\sum_{i=0}^{7}m_iD_i$ 中可以看出:如果 $D_i=1$,其对应的最小项 m_i 便会在与或表达式中出现;而如果 $D_i=0$,其对应的最小项 m_i 便不会在与或表达式中出现。因此,只要以地址输入信号作为逻辑变量,适当设置 D_i 的取值,就可以利用数据选择器产生逻辑函数。

例 4-7 利用 74LS151 产生逻辑函数 $L=X\oplus Y+X\overline{Z}$。

解 ① 将逻辑函数变换为最小项表达式,即
$$L=X\overline{Y}Z+X\overline{Y}\,\overline{Z}+\overline{X}YZ+\overline{X}Y\overline{Z}+XY\overline{Z}+X\overline{Y}\,\overline{Z}$$

② 将 X、Y、Z 和 C、B、A 分别相连,则可将上式改写为如下形式:
$$L=m_5+m_4+m_3+m_2+m_6$$

③ 按照 74LS151 输出表达式的形式写出逻辑表达式有
$$L=m_5D_5+m_4D_4+m_3D_3+m_2D_2+m_6D_6$$

因此,只要令 D_5、D_4、D_3、D_2、D_6 取值为 1,式中没有出现 m_0、m_1、m_7,对应的控制变量 D_0、D_1、D_7 取值为 0,就可以利用 74LS151 产生符合要求的逻辑函数,逻辑图如图 4-21 所示。

(3) 实现数据并行/串行转换。

图 4-22 是用 74LS151 实现并行输入/串行输出的逻辑图。

8 位并行输入数据和 74LS151 的输入端相连,根据 74LS151 的工作原理,输出端 Y 接通的是地址选择信号对应的数据输入端。如果使 XYZ 从 000→ 001→⋯→111 依次变化,则在输出端就会依次接通 $D_0,D_1,\cdots,D_7$,在输出端就会得到根据地址选择信号变化的串行输出信号,从而实现数据并行输入到串行输出的转换。如果在并行输入端输入的并行数据为

11011010，XYZ 从 000 依次增加至 111，则串行输出 L 的输出数据为 01011011。

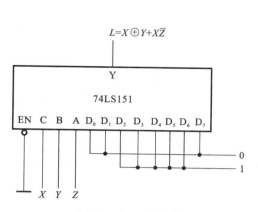

图 4-21 例 4-7 的逻辑图

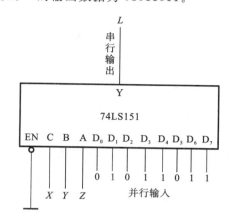

图 4-22 用数据选择器实现并行输入/串行输出的逻辑图

4.4.4 数据分配器

数据分配器（demultiplexer）又称多路分配器，从逻辑功能上看，它与数据选择器恰恰相反，数据分配器只有 1 个数据输入端，但有 2^n 个数据输出端，根据 n 个地址信号的不同，把输入数据送到 2^n 个数据输出端中的某一个。若 $n=2$，则有 2 个地址信号、4 个数据输出端，可称为 1 路-4 路数据分配器。其示意图如图 4-23 所示。

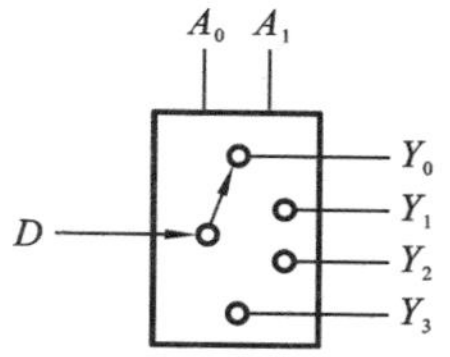

下面以 1 路-4 路数据分配器设计为例，介绍数据分配器的特点。1 路-4 路数据分配器的输入信号用 D 表示；2 个地址信号用 A_0、A_1 表示；输出信号用 Y_0、Y_1、Y_2、Y_3 表示。并设定，当地址信号 $A_1A_0=00$ 时，选中输出端 Y_0，即 $Y_0=D$；当地址信号 $A_1A_0=01$ 时，选中输出端 Y_1，即 $Y_1=D$；当地址信号 $A_1A_0=10$ 时，选中输出端 Y_2，即 $Y_2=D$；当地址信号 $A_1A_0=11$ 时，选中输出端 Y_3，即 $Y_3=D$。根据数据分配器的功能列出其真值表，如表 4-11 所示。

图 4-23 1 路-4 路数据分配器示意图

表 4-11 数据分配器的真值表

输 入		输 出			
A_1	A_0	Y_0	Y_1	Y_2	Y_3
0	0	D	0	0	0
0	1	0	D	0	0
1	0	0	0	D	0
1	1	0	0	0	D

由表 4-11 写出输出表达式为

$$Y_0=D\overline{A_1}\,\overline{A_0}$$
$$Y_1=D\overline{A_1}A_0$$
$$Y_2=DA_1\overline{A_0}$$
$$Y_3=DA_1A_0$$

(4-11)

4.4.5 数值比较器

在数字系统中,有时需要对两个数的数值进行比较,把用来比较两个数的数值的电路称为数值比较器。

1. 1 位数值比较器

首先讨论两个 1 位二进制数 A 和 B 相比较的情况,当 A 和 B 都是 1 位数时,它们只可能有取 0 或取 1 这两种情况,这时比较结果有以下三种可能:

(1) $A>B$,即 $A=1$、$B=0$ 的情况,则 $A\bar{B}=1$,故可以用 $A\bar{B}$ 作为 $A>B$ 的输出信号 $F_{A>B}$。

(2) $A<B$,即 $A=0$、$B=1$ 的情况,则 $\bar{A}B=1$,故可以用 $\bar{A}B$ 作为 $A<B$ 的输出信号 $F_{A<B}$。

(3) $A=B$,即 $A=0$、$B=0$ 或 $A=1$、$B=1$ 的情况,则 $A\odot B=1$,故可以用 $A\odot B$ 作为 $A=B$ 的输出信号 $F_{A=B}$。

1 位数值比较器的真值表,如表 4-12 所示。

由真值表可以得出如下逻辑表达式:

$$F_{A>B}=A\bar{B}$$
$$F_{A<B}=\bar{A}B \qquad (4\text{-}12)$$
$$F_{A=B}=A\odot B=\overline{A\oplus B}$$

由式(4-12)可以画出 1 位数值比较器的逻辑图,如图 4-24 所示。

表 4-12　1 位数值比较器的真值表

输　　入		输　　出		
A	B	$F_{A>B}$	$F_{A<B}$	$F_{A=B}$
0	0	0	0	1
0	1	0	1	0
1	0	1	0	0
1	1	0	0	1

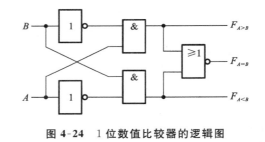

图 4-24　1 位数值比较器的逻辑图

2. 多位数值比较器

在比较两个多位数的大小时,要自高而低地逐位比较,而且只有在高位相等时,才需要比较低位。

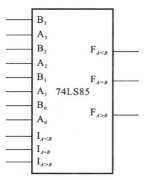

图 4-25　4 位数值比较器 74LS85 的逻辑符号

例如,A、B 是两个 4 位二进制数 $A_3A_2A_1A_0$ 和 $B_3B_2B_1B_0$,进行比较时,应首先比较 A_3 和 B_3。如果 $A_3>B_3$,那么不管其他几位数码各为何值,肯定是 $A>B$;反之,若 $A_3<B_3$,则不管其他几位数码各为何值,肯定是 $A<B$;如果 $A_3=B_3$,就要通过比较下一位 A_2 和 B_2 来判断 A 和 B 的大小了。依次类推,定能比出结果。

图 4-25 是 4 位数值比较器 74LS85 的逻辑符号图。可知:$F_{A<B}$、$F_{A=B}$、$F_{A>B}$ 是总的比较结果;$A_3A_2A_1A_0$ 和 $B_3B_2B_1B_0$ 是两个相比较的 4 位数的输入;$I_{A<B}$、$I_{A=B}$、$I_{A>B}$ 是扩展端,供多个芯片间连接时使用。

表 4-13 为 74LS85 的功能表,由功能表可写出输出的逻辑表达式为

$$F_{A<B} = \overline{A}_3 B_3 + (A_3 \odot B_3)\overline{A}_2 B_2 + (A_3 \odot B_3)(A_2 \odot B_2)\overline{A}_1 B_1$$
$$+ (A_3 \odot B_3)(A_2 \odot B_2)(A_1 \odot B_1)\overline{A}_0 B_0 +$$
$$+ (A_3 \odot B_3)(A_2 \odot B_2)(A_1 \odot B_1)(A_0 \odot B_0)I_{A<B} \tag{4-13}$$
$$F_{A>B} = A_3 \overline{B}_3 + (A_3 \odot B_3)A_2 \overline{B}_2 + (A_3 \odot B_3)(A_2 \odot B_2)A_1 \overline{B}_1$$
$$+ (A_3 \odot B_3)(A_2 \odot B_2)(A_1 \odot B_1)A_0 \overline{B}_0 +$$
$$+ (A_3 \odot B_3)(A_2 \odot B_2)(A_1 \odot B_1)(A_0 \odot B_0)I_{A>B} \tag{4-14}$$
$$F_{A=B} = (A_3 \odot B_3)(A_2 \odot B_2)(A_1 \odot B_1)(A_0 \odot B_0)I_{A=B} \tag{4-15}$$

表 4-13 4 位数值比较器 74LS85 的功能表

输 入				级 联 输 入			输 出		
$A_3 B_3$	$A_2 B_2$	$A_1 B_1$	$A_0 B_0$	$I_{A>B}$	$I_{A<B}$	$I_{A=B}$	$F_{A>B}$	$F_{A<B}$	$F_{A=B}$
$A_3 > B_3$	$\times$	$\times$	$\times$	$\times$	$\times$	$\times$	1	0	0
$A_3 < B_3$	$\times$	$\times$	$\times$	$\times$	$\times$	$\times$	0	1	0
$A_3 = B_3$	$A_2 > B_2$	$\times$	$\times$	$\times$	$\times$	$\times$	1	0	0
$A_3 = B_3$	$A_2 < B_2$	$\times$	$\times$	$\times$	$\times$	$\times$	0	1	0
$A_3 = B_3$	$A_2 = B_2$	$A_1 > B_1$	$\times$	$\times$	$\times$	$\times$	1	0	0
$A_3 = B_3$	$A_2 = B_2$	$A_1 < B_1$	$\times$	$\times$	$\times$	$\times$	0	1	0
$A_3 = B_3$	$A_2 = B_2$	$A_1 = B_1$	$A_0 > B_0$	$\times$	$\times$	$\times$	1	0	0
$A_3 = B_3$	$A_2 = B_2$	$A_1 = B_1$	$A_0 < B_0$	$\times$	$\times$	$\times$	0	1	0
$A_3 = B_3$	$A_2 = B_2$	$A_1 = B_1$	$A_0 = B_0$	1	0	0	1	0	0
$A_3 = B_3$	$A_2 = B_2$	$A_1 = B_1$	$A_0 = B_0$	0	1	0	0	1	0
$A_3 = B_3$	$A_2 = B_2$	$A_1 = B_1$	$A_0 = B_0$	0	0	1	0	0	1

若用两片 74LS85 可以组成一个 8 位数值比较器,其逻辑图如图 4-26 所示。根据多位数比较的规则,在 74LS85 中只有两个输入的 4 位数相等时,输出才由 $I_{A>B}$、$I_{A=B}$ 和 $I_{A<B}$ 的输入信号决定。

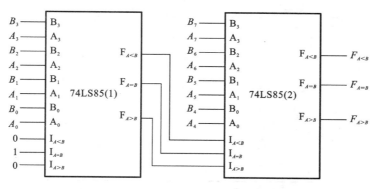

图 4-26 用两片 74LS85(TTL 集成芯片)构成 8 位数值比较器的逻辑图

4.4.6 半加器与全加器

计算机中的算术运算都是分解成加法运算进行的,因此,实现加法运算的电路是计算机中

最基本的运算电路。本节介绍加法运算的核心电路——半加器和全加器。

1. 半加器

两个 1 位二进制数相加,称为半加,实现半加操作的电路称为半加器(half adder),其真值表如表 4-14 所示。表中 A_i 表示被加数,B_i 表示加数,A_i、B_i 是输入;S_i 表示求和输出;C_i 表示进位输出。

由表 4-14 可得出逻辑表达式为

$$S_i = A_i \overline{B}_i + \overline{A}_i B_i = A_i \oplus B_i$$
$$C_i = A_i B_i$$

(4-16)

半加器的逻辑符号和逻辑图如图 4-27 所示。

表 4-14 半加器的真值表

输	入	输	出
A_i	B_i	S_i	C_i
0	0	0	0
0	1	1	0
1	0	1	0
1	1	0	1

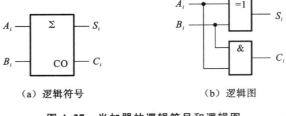

(a) 逻辑符号　　(b) 逻辑图

图 4-27 半加器的逻辑符号和逻辑图

2. 全加器

实现两个多位二进制数的相加,除考虑本位被加数和加数相加外,还应考虑低位来的进位,这三者相加,称为全加。实现全加操作的电路称为全加器(full adder)。全加器的真值表如表 4-15 所示,利用卡诺图(见图 4-28)可方便地求出 S_i 和 C_i 的最简与或表达式,即

$$S_i = \overline{A}_i \overline{B}_i C_{i-1} + \overline{A}_i B_i \overline{C}_{i-1} + A_i \overline{B}_i \overline{C}_{i-1} + A_i B_i C_{i-1}$$
$$C_i = A_i B_i + A_i C_{i-1} + B_i C_{i-1}$$

(4-17)

表 4-15 全加器的真值表

输		入	输	出
A_i	B_i	C_{i-1}	S_i	C_i
0	0	0	0	0
0	0	1	1	0
0	1	0	1	0
0	1	1	0	1
1	0	0	1	0
1	0	1	0	1
1	1	0	0	1
1	1	1	1	1

对 S_i 和 C_i 的表达式稍加变换,还可以由异或门实现,具体变换如下:

$$S_i = \overline{A_i} \overline{B_i} C_{i-1} + \overline{A_i} B_i \overline{C_{i-1}} + A_i \overline{B_i} \overline{C_{i-1}} + A_i B_i C_{i-1}$$
$$= \overline{(A_i \oplus B_i)} C_{i-1} + (A_i \oplus B_i) \overline{C_{i-1}}$$
$$= A_i \oplus B_i \oplus C_{i-1}$$

(4-18)

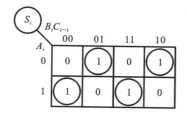 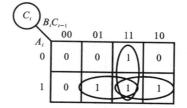

图 4-28 全加器的卡诺图

$$C_i = \overline{A_i} B_i C_{i-1} + A_i \overline{B_i} C_{i-1} + A_i B_i \overline{C_{i-1}} + A_i B_i C_{i-1}$$
$$= A_i B_i + (A_i \oplus B_i) C_{i-1} \tag{4-19}$$

全加器的逻辑符号和由异或门构成的逻辑图分别如图 4-29(a)、(b)所示。

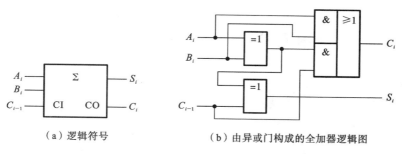

（a）逻辑符号　　　　（b）由异或门构成的全加器逻辑图

图 4-29 全加器的逻辑符号和逻辑图

用与非门构成的全加器逻辑电路图,如图 4-30 所示。

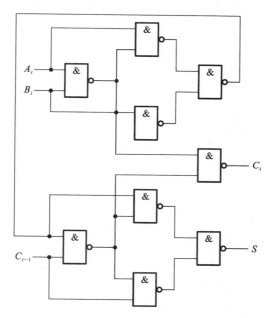

图 4-30 用与非门构成的全加器逻辑电路图

全加器也可由两个半加器构成。

若要实现两个 4 位二进制数相加,则可用四个 1 位全加器构成,如图 4-31 所示。

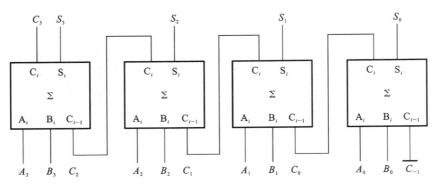

图 4-31 实现两个 4 位二进制数相加的电路

4.5 组合逻辑电路中的竞争冒险现象

4.5.1 竞争冒险现象及其产生的原因

前面章节中对组合逻辑电路的分析和设计,都没有考虑门电路的传输延迟时间对组合电路性能的影响。而实际的门电路是有传输延时的,即输入信号改变时,输出信号到达新的稳态值有一定时间延迟。若传输延迟时间过长,就可能发生信号尚未传输到输出端,输入信号的状态已发生了新的变化,使电路的逻辑功能遭到破坏的情况。另外,由于各种门的延时不同,或输入信号状态变化的速度不同,也可能引起电路工作不可靠,甚至无法正常工作。一般来说,当 1 个门的输入有 2 个或 2 个以上变量发生改变时,由于这些变量是经过不同路径产生的,使得它们状态改变的时刻有先有后,这种时间差引起的现象称为竞争。而由此造成组合电路输出波形出现不应有的尖脉冲信号的现象,称为冒险。

下面分析如图 4-32(a)所示电路的工作情况,与门 G_2 的输入是 $\overline{A}$ 和 A 两个互补信号。理论上,G_2 的输出 L 应始终保持为低电平。而实际上,由于 G_1 的延迟,$\overline{A}$ 的下降沿要滞后于 A 的上升沿,因而在很短的时间间隔内,G_2 的两个输入端都出现了高电平,从而使 G_2 的输出端产生了不符合逻辑设计要求的高电平窄脉冲,如图 4-32(b)所示。

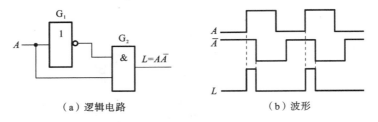

（a）逻辑电路 （b）波形

图 4-32 产生正干扰脉冲的竞争冒险

从上面的分析可以看出,如果门电路的输入中存在互补信号,当互补信号的状态发生变化时,门电路的输出端就可能出现不应有的过渡干扰脉冲,这就是导致竞争冒险的主要原因。

4.5.2 消除竞争冒险的方法

针对竞争冒险产生的原因,可以采用以下措施加以消除。

(1) 修改逻辑设计。

① 发现并消除互补变量。

例如,按照表达式 $L=(A+B)(\overline{A}+C)$ 构造的逻辑电路,在 $B=C=0$ 时,$L=A\overline{A}$,就可能出现竞争冒险。将表达式变换为 $L=AC+\overline{A}B+BC$ 后,可以消除 $A\overline{A}$,按照变换后的表达式构造的逻辑电路就不会出现竞争冒险。

② 增加乘积项。

按照表达式 $L=AC+\overline{A}B$ 构造的逻辑电路,在 $B=C=1$ 时,可能出现竞争冒险。在输出端的逻辑表达式中增加乘积项 BC,将表达式变换为 $L=AC+\overline{A}B+BC$ 后,在出现负跳变窄脉冲处,正是 $BC=1$ 时,可以达到消除竞争冒险的目的。

(2) 加封锁脉冲。

在输入信号产生竞争冒险的时间内,引入一个脉冲将可能产生过渡干扰脉冲的门封锁住。封锁脉冲应在输入信号转换前到来,转换结束后消失。

(3) 加选通信号。

对输出可能产生过渡干扰脉冲的门电路增加一个输入端接选通信号,只有在输入信号转换完成并稳定后,引入的选通信号允许信号输出。在转换过程中,由于没有加选通信号,故输出不会产生过渡干扰脉冲。

(4) 在输出端并联滤波电容。

在可能产生过渡干扰脉冲的门电路输出端与地之间接一个容量为 $4\sim20$ pF 的电容,由于门电路本身存在一定的输出电阻,就会使输出波形的上升变化和下降变化比较缓慢。过渡干扰脉冲的宽度一般都很窄,通过电容的平波作用,就可以吸收过渡干扰脉冲,保证在输出端不会出现逻辑错误。

习 题 4

4-1 已知函数 $L=A\overline{B}+B\overline{C}+\overline{A}C$,试用真值表、卡诺图和逻辑图(与非-与非)表示。

4-2 对如图 4-33 所示的逻辑电路完成下列要求。

(1) 写出逻辑电路的逻辑表达式并化简。

(2) 根据逻辑表达式填写真值表。

(3) 说明该电路有何逻辑功能。

4-3 电路如图 4-34 所示,试分析该电路的逻辑功能。

4-4 电路如图 4-35 所示,试完成下列要求。

(1) 写出逻辑电路的逻辑表达式。

(2) 根据逻辑表达式填写真值表。

(3) 说明该电路有何逻辑功能。

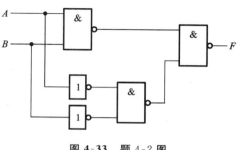

图 4-33 题 4-2 图

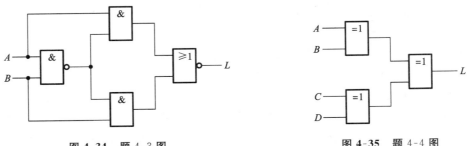

图 4-34　题 4-3 图　　　　　　　　图 4-35　题 4-4 图

4-5　利用 2 输入端与非门和反相器设计一个 4 位数码奇偶校验器,即当 4 位数中有奇数个 1 时,输出为 0,否则输出为 1。

4-6　逻辑功能由最小项表达式 $L = \sum m(2,4,8,9,10,12,14)$ 表示,试用最简单的与非门实现。

4-7　已知某系统中有三盏指示灯,即 H_1、H_2、H_3,当 H_1 与 H_2 全亮或 H_2 与 H_3 全亮时,应报警。请设计一个报警电路,并用与非门组成逻辑电路。

4-8　用 74LS138 实现如下逻辑功能:

(1) $L = A \oplus B$;

(2) $L = A\bar{B}C + \bar{A}BC + BC$。

4-9　用 74LS138 设计一个三人投票表决电路,投票规则为多数人同意则通过。

4-10　用 74LS151 实现如下逻辑功能:

(1) $L = A \oplus B$;

(2) $L = A\bar{B}C + \bar{A}BC + BC$。

4-11　试用两个半加器和一个或门构成一个全加器。

第 5 章 触 发 器

本章将讨论一种新的逻辑部件——触发器。触发器的"新"在于它具有"记忆"功能,它是构成时序逻辑电路的基本单元。本章首先介绍基本 RS 触发器的工作原理、特点和逻辑功能。然后引出能够防止"空翻"现象的主从触发器和边沿触发器。同时,较详细地讨论 RS 触发器、JK 触发器、D 触发器、T 触发器、T' 触发器的逻辑功能及其描述方法。

5.1 基本 RS 触发器

5.1.1 基本 RS 触发器的工作原理

1. 电路结构

基本 RS 触发器是最简单的触发器,也是构成其他类型触发器的基本单元。

基本 RS 触发器电路如图 5-1 所示。它可以由两个与非门交叉耦合组成,如图 5-1(a)所示,也可由两个或非门交叉耦合组成,如图 5-1(b)所示。其逻辑符号如图 5-2 所示。

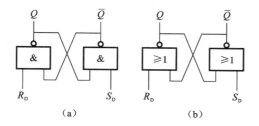

（a）　　　　　　　（b）

图 5-1　基本 RS 触发器电路

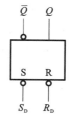

图 5-2　基本 RS 触发器逻辑符号

现以两个与非门组成的基本 RS 触发器为例,分析其工作原理。

在图 5-1(a)所示电路中,两个与非门可以是 TTL 门,也可以是 CMOS 门。Q 和 $\bar{Q}$ 是触发器的两个输出。当 $Q=0$(或 $\bar{Q}=1$)时,称触发器状态为 0;当 $Q=1$(或 $\bar{Q}=0$)时,称触发器状态为 1。触发器有两个输入端,输入信号为 R_D、S_D。根据与非逻辑关系不难看出:

(1) $R_D=0$、$S_D=1$ 时,由于 $R_D=0$,不论原来 Q 是 0 还是 1,都有 $\bar{Q}=1$;再由 $S_D=1$、$\bar{Q}=1$,可得 $Q=0$。即不论触发器原来处于什么状态都将变成 0 状态,称这种情况为将触发器置 0 或复位。R_D 端称为触发器的置 0 端或复位端。

(2) $R_D=1$、$S_D=0$ 时,由于 $S_D=0$,不论原来 $\bar{Q}$ 是 0 还是 1,都有 $Q=1$;再由 $R_D=1$、$Q=1$,可得 $\bar{Q}=0$。即不论触发器原来处于什么状态都将变成 1 状态,称这种情况为将触发器置 1 或置位。S_D 端称为触发器的置 1 端或置位端。

(3) $R_D=1$、$S_D=1$ 时,根据与非门的逻辑功能不难推知,触发器保持原状态不变,即原来的状态被触发器存储起来,这体现了触发器具有"记忆"功能。

(4) $R_D=0$、$S_D=0$ 时,有 $Q=\bar{Q}=1$,不符合触发器的逻辑关系。并且由于与非门延迟时间不可能完全相等,在两输入端的 0 同时撤除后,将不能确定触发器是处于 1 状态还是 0 状态。所以触发器不允许出现这种情况,这就是基本 RS 触发器的约束条件。

2. 功能表

以上关于基本 RS 触发器的分析结论也可以用表格形式描述,基本 RS 触发器的功能表如表 5-1 所示。

表 5-1　基本 RS 触发器的功能表

R_D	S_D	Q^n	Q^{n+1}	功能说明
0	0	0	×	不确定状态
0	0	1	×	
0	1	0	0	置0(复位)
0	1	1	0	
1	0	0	1	置1(置位)
1	0	1	1	
1	1	0	0	保持原状态
1	1	1	1	

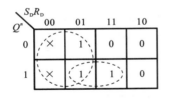

图 5-3　基本 RS 触发器卡诺图

3. 特性方程

触发器的逻辑功能还可用逻辑函数来描述。这种描述触发器逻辑功能的函数表达式称为特性方程。由表 5-1 可画出卡诺图,如图 5-3 所示,Q^{n+1} 化简后的表达式为

$$Q^{n+1}=\bar{S}_D+R_D Q^n \qquad (5-1)$$

由表 5-1 还能得出,Q^{n+1} 要处于确定状态,必须满足:

$$S_D+R_D=1$$

称为约束条件。

5.1.2　基本 RS 触发器的功能

1. 状态转移图

采用图形的方法来描述触发器的逻辑功能转化,能得到其状态转移图。图 5-4 为基本 RS 触发器状态转移图。图中圆圈分别代表基本 RS 触发器的两个稳定状态,箭头方向表示在外部输入信号作用下状态转移的方向,箭头旁的标注表示状态转移时的条件。由图 5-4 可见,如果触发器当前稳定状态是 $Q^n=0$,则在输入信号 $R_D=1$、$S_D=0$ 的作用下,触发器转移至下一状态(次态)$Q^{n+1}=1$;如果输入信号 $S_D=1$、$R_D=0$(或 1),则触发器维持在 0 状态。如果触发器当前稳定状态是 $Q^n=1$,则在输入信号 $R_D=0$、$S_D=1$ 的作用下,触发器转移至下一状态(次态)$Q^{n+1}=0$;如果输入信号 $R_D=1$、$S_D=1$,则触发器维持在 1 状态。这与表 5-1 所描述的功能是一致的。

2. 工作波形

工作波形图又称时序图,它反映了触发器的输出状态随时间和输入信号变化的规律,是实验中可观察到的波形。

图 5-5 为基本 RS 触发器的工作波形。其中,虚线部分表示状态不确定。

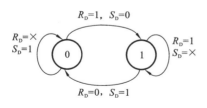

图 5-4 基本 RS 触发器状态转移图

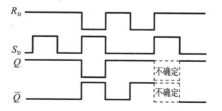

图 5-5 基本 RS 触发器工作波形

5.2 同步触发器

基本 RS 触发器具有直接置 0 和置 1 的功能,只要输入信号发生变化,触发器的状态就会立即发生改变。实际应用中,往往要求触发器按一定的节拍(如时钟节拍)动作,于是产生了同步触发器,也称时钟触发器和钟控触发器。同步触发器主要包括同步 RS 触发器、同步 D 触发器、同步 JK 触发器以及同步 T 触发器等。以下主要介绍同步 RS 触发器。

5.2.1 同步 RS 触发器

同步 RS 触发器的电路结构和逻辑符号如图 5-6 所示。图中门 G_1 和 G_2 构成基本触发器,门 G_3 和 G_4 构成触发导引电路。由图 5-6 可见,基本 RS 触发器的输入 CP=0 时,有 $\bar{R}_D=1$、$\bar{S}_D=1$,由基本 RS 触发器功能可知,触发器状态维持不变;当 CP=1 时,有 $\bar{R}_D=\bar{R}$,$\bar{S}_D=\bar{S}$,触发器状态将发生改变。

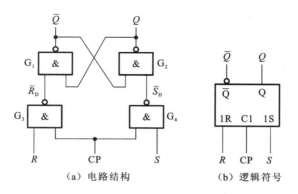

(a) 电路结构　　　　　　(b) 逻辑符号

图 5-6 同步 RS 触发器的电路结构和逻辑符号

根据基本 RS 触发器的特性方程(见式(5-1)),可得到当 CP=1 时,同步 RS 触发器的特性方程为

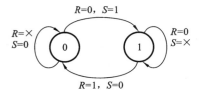

图 5-7 同步 RS 触发器状态转移图

$$\begin{cases} Q^{n+1} = S + \bar{R}Q^n \\ RS = 0 \end{cases} \tag{5-2}$$

其中,$RS=0$ 为约束条件。它表明在 CP$=1$ 时,触发器状态按式(5-2)的描述发生转移。

按式(5-2),得到在 CP$=1$ 时,同步 RS 触发器的功能表如表 5-2 所示,其状态转移图如图 5-7 所示。

表 5-2 同步 RS 触发器的功能表

R	S	Q^n	Q^{n+1}	功 能 说 明
0	0	0	0	保持原状态
0	0	1	1	
0	1	0	1	置1(置位)
0	1	1	1	
1	0	0	0	置0(复位)
1	0	1	0	
1	1	0	×	不确定状态
1	1	1	×	

图 5-8 所示的为同步 RS 触发器工作波形。当 CP$=0$ 时,不论 R、S 如何变化,触发器状态都维持不变;只有当 CP$=1$ 时,R、S 的变化才能引起触发器状态的改变。

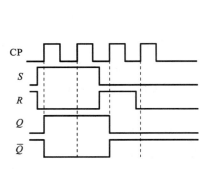

图 5-8 同步 RS 触发器工作波形

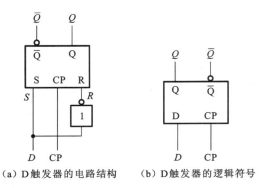

(a) D触发器的电路结构　　(b) D触发器的逻辑符号

图 5-9 同步 D 触发器电路结构及逻辑符号

5.2.2 同步 D 触发器

R、S 之间存在约束限制了同步 RS 触发器的使用,为了解决这个问题出现了同步 D 触发器。同步 D 触发器的电路结构及逻辑符号如图 5-9 所示,它也是为避免同步 RS 触发器同时出现 R 和 S 都为 1 的情况而设计的。由图 5-9 可见,同步 D 触发器的输入 D 信号经非门加到同步 RS 触发器的 R 端,R 与 S 端加入一对互补输入信号,不会出现 R 和 S 都为 1 的情况,因此约束条件始终满足。

根据式(5-2)可以得到,当 CP$=1$ 时,有

$$Q^{n+1} = S + \bar{R}Q^n = D + \bar{\bar{D}}Q^n = D \tag{5-3}$$

式(5-3)为同步 D 触发器的特性方程。它表明在 CP＝1 时，触发器按式(5-3)描述方式发生转移。同步 D 触发器在 CP＝1 时的状态转移图如图 5-10 所示，其功能表如表 5-3 所示。

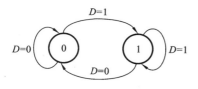

图 5-10　同步 D 触发器状态转移图

表 5-3　同步 D 触发器的功能表

D	Q^n	Q^{n+1}	功能说明
0	0	0	置 0(复位)
0	1	0	
1	0	1	置 1(置位)
1	1	1	

5.2.3　同步触发器存在的问题——空翻

同步触发器在 CP＝1 期间，如果输入的触发信号电平发生多次变化，则触发器的输出状态也发生多次变化，因此在一个时钟周期内，触发器会产生多次翻转，该现象称为空翻。同步 RS 触发器的空翻波形如图 5-11 所示。空翻是一种有害的现象，它使得时序电路不能按时钟节拍工作，造成系统的误动作。

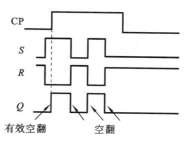

图 5-11　同步 RS 触发器的空翻波形

造成空翻现象的原因是同步触发器的结构不尽完善。以下将要介绍的几种触发器，由于改善了电路结构，从而可克服空翻现象。

5.3　主从触发器

5.3.1　主从 RS 触发器

1. 电路结构

主从 RS 触发器的电路结构和逻辑符号如图 5-12 所示。由图可以看出，它是由两个相同的同步 RS 触发器组成的，只是二者的 CP 脉冲相位相反。其中门 $G_5 \sim G_8$ 组成主触发器(图中虚线左边)，输入信号 R、S 和时钟脉冲 CP 由主触发器加入；$G_1 \sim G_4$ 组成从触发器(图中虚线右边)，其输入信号为主触发器的输出，时钟脉冲由 CP 经 G_9 门反相后得到。

2. 工作原理

当 CP＝1 时，G_7、G_8 门被打开，主触发器根据 R、S 的状态而翻转，与此同时 $\overline{CP}＝0$(不考虑 G_9 门的延时)，G_3、G_4 门被关闭，从触发器不动作，输出保持原来的状态不变。

当 CP 由 1 变 0 之后，G_7、G_8 门被关闭，不论 R、S 是什么状态，主触发器将维持前一时刻(CP＝1)的状态不变，与此同时，$\overline{CP}＝1$，G_3、G_4 门被打开，从触发器将按照主触发器的输出状态而翻转，即从触发器接受前一时刻(CP＝1)存入主触发器的信号，从而更新状态。

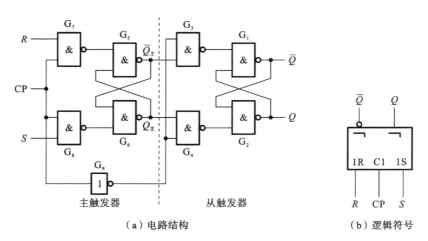

（a）电路结构　　　　　　　　　　（b）逻辑符号

图 5-12　主从 RS 触发器的电路结构和逻辑符号

综上可见,主从 RS 触发器工作时,在 CP 的一个变化周期内分两步完成:第一步,在 CP＝1 期间,主触发器工作,将输入信号存入其中,而从触发器不工作,保持原来状态;第二步,当 CP 的下降沿(CP 由 1 变 0)到来时,主触发器不工作,保存原输入信息,而从触发器工作,将存在主触发器的信息接收过来,因而,在 CP 变化的一个周期之内,输出状态只改变一次。虽然 R、S 端输入信号不直接控制输出状态,但在 CP＝1 期间,主触发器的状态却直接因输入信号的变化而受影响。

由于 CP 由 1 负向跳变至 0 后,在 CP＝0 期间,主从触发器不再接收输入激励信号,因此也不会引起触发器状态发生两次以上的翻转。这就克服了多次翻转现象。主从 RS 触发器由于只在 CP 的下降沿到来时才翻转,故称之为下降沿触发型触发器。

3. 逻辑功能分析

由上述工作原理可列出主从 RS 触发器的特性表,如表 5-4 所示。

表 5-4　主从 RS 触发器的特性表

CP	S	R	Q^n	Q^{n+1}	说　　明
⌐_	0	0	0	0	状态不变
	0	0	1	1	
⌐_	1	0	0	1	状态与 S 端相同
	1	0	1	1	
⌐_	0	1	0	0	
	0	1	1	0	
⌐_	1	1	0	$\times$	状态不定
	1	1	1	$\times$	

由表 5-4 可写出主从 RS 触发器的特性方程为

$$\begin{cases} Q^{n+1}=Q_{主}^{n+1}=[S+\overline{R}Q^n] \cdot \text{CP} \downarrow \\ SR=0 \end{cases}$$

(5-6)

其状态转移图如图 5-13 所示。

图 5-14 所示的为主从 RS 触发器的工作波形。主从 RS 触发器输出状态的转移发生在 CP 信号负向跳变时刻,即 CP 时钟的下降沿时刻。

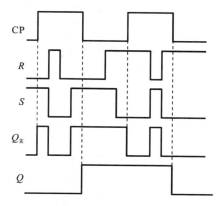

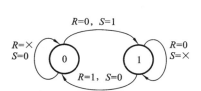

图 5-13　主从 RS 触发器状态转移图　　　图 5-14　主从 RS 触发器的工作波形

根据以上分析,主从 RS 触发器主要有以下特点。

(1) 主从控制,时钟脉冲触发。在主从 RS 触发器中,主触发器、从触发器的状态受到 CP 脉冲的控制。其工作过程可概括为:CP＝1 期间接收信号,CP 下降沿到来时,进行状态的更新。

(2) R、S 之间仍存在约束。由于主从 RS 触发器是由同步 RS 触发器组合而成的,所以,在 CP＝1 期间,R、S 的取值应遵循同步 RS 触发器的要求,即不能同时为有效电平,即 R、S 不能同时为 1。

5.3.2　主从 JK 触发器

1. 电路结构

主从 JK 触发器是为解决主从 RS 触发器的约束问题而设计的。主从 JK 触发器的电路结构和逻辑符号如图 5-15 所示。由图可以看出,将主从 RS 触发器的两互补输出 Q 和 $\overline{Q}$ 分别反馈到 G_7、G_8 的输入端,使在 CP＝1 期间 G_7、G_8 的输出不可能同时为 0,从触发器的输入就不可能同时为 1,也就解除了约束问题。

为了与主从 RS 触发器有所区别,将 S 端改成 J 端,R 端改成 K 端,就成了主从 JK 触发器,它也属于下降沿触发型触发器。

2. 逻辑功能分析

由于主从 JK 触发器是主从 RS 触发器稍加改动得到的,因此其工作原理与主从 RS 触发器大致相同,两者的区别,由电路结构可以看出仅为

$$S = J\,\overline{Q^n}, \quad R = KQ^n$$

将此两式代入主从 RS 触发器的特性方程式(5-6),即可得出主从 JK 触发器的特性方程为

$$Q^{n+1} = \left[J\,\overline{Q^n} + \overline{K}Q^n \right] \cdot \mathrm{CP}\!\downarrow \tag{5-7}$$

由上式可列出主从 JK 触发器的特性表如表 5-5 所示。

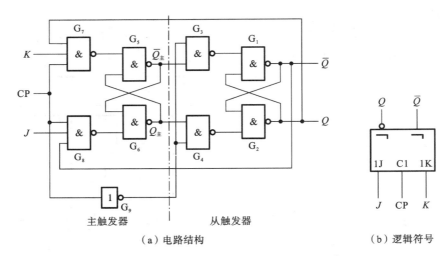

（a）电路结构　　　　　　　　　　　　　　　（b）逻辑符号

图 5-15　主从 JK 触发器的电路结构和逻辑符号

表 5-5　主从 JK 触发器的特性表

CP	J	K	Q^n	Q^{n+1}	说　明
⌐⌐	0	0	0	0	状态不变
⌐⌐	0	0	1	1	
⌐⌐	1	0	0	1	状态与 J 端相同
⌐⌐	1	0	1	1	
⌐⌐	0	1	0	0	
⌐⌐	0	1	1	0	
⌐⌐	1	1	0	1	每来一个 CP，输出
⌐⌐	1	1	1	0	状态翻转一次

　　由特性表可画出主从 JK 触发器的状态转移图，如图 5-16 所示。

　　图 5-17 所示的为主从 JK 触发器的工作波形。主从 JK 触发器存在所谓"一次跳变"现象，具体说明如下。

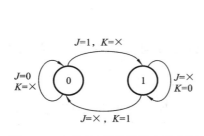

图 5-16　主从 JK 触发器状态转移图

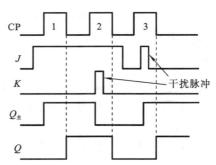

图 5-17　主从 JK 触发器的工作波形

　　由图 5-15 可以看出：设在 CP＝0 期间，$Q＝Q^n＝0$、$\bar{Q}＝\overline{Q^n}＝1$，当 CP 跳变到 1 时，因 $Q＝$

0，G_7 门被封锁，输入信号只能从 J 端输入，若此时 J 端输入信号为 1，则主触发器状态 $Q_主 = 1$、$\overline{Q}_主 = 0$，G_6 门被封锁，之后无论 J 如何变化，其状态都不会再改变。同理可分析 $Q = Q^n = 1$、$\overline{Q} = \overline{Q^n} = 0$ 时，G_8 门被封锁，输入信号只能从 K 端输入的情况。可见，主从 JK 触发器中的主触发器在 CP＝1 期间其状态只能变化一次。

　　综上所述，如果在 CP＝1 期间，主触发器发生一次状态改变后，若由于干扰脉冲存在，使输入激励 J 或 K 又发生了一次变化，此时主触发器不会再发生变化，因此在时钟脉冲下降沿到达时，从触发器接收这一时刻主触发器的状态，主从 JK 触发器的输出状态有可能与式 (5-7) 描述的结果不一致，即与表 5-5 描述的特性不同，此即"一次跳变"现象。例如，图 5-17 中由于干扰脉冲的作用，第 2 个、第 3 个 CP 脉冲下降沿时刻，主从 JK 触发器状态与式(5-7)所描述的结果就不一致。

　　避免"一次跳变"现象的有效方法是在 CP＝1 期间，输入激励信号 J、K 不发生变化，即 CP 脉冲的宽度要小于输入 J、K 脉冲的宽度，从而使主从 JK 触发器的使用受到一定限制。

　　主从 JK 触发器的优点为：主从控制脉冲触发；输入信号 J、K 之间无约束；功能完善。因而它是一种应用起来十分灵活和方便的集成触发器。缺点为：抗干扰能力不强。如前所述，如有干扰，将造成其主触发器误动作，当 CP 下降沿到来时，干扰可能被送入从触发器使主从 JK 触发器输出错误结果。

5.3.3　T 触发器和 T′触发器

1. T 触发器

(1) 电路结构。

　　把主从 JK 触发器的输入端 J 和 K 连接在一起，作为 T 端，则构成了 T 触发器，T 触发器的电路结构和逻辑符号如图 5-18 所示。

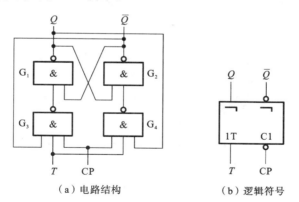

|（a）电路结构|（b）逻辑符号|

图 5-18　T 触发器的电路结构和逻辑符号

(2) 逻辑功能分析。

　　将 $J = K = T$ 代入式 (5-7)，即可得到 T 触发器的特性方程为

$$Q^{n+1} = T\,\overline{Q^n} + \overline{T}Q^n \tag{5-8}$$

由式(5-8)可以看出其功能特点为

当 $T = 1$ 时，$Q^{n+1} = \overline{Q^n}$，状态翻转；

当 $T=0$ 时,$Q^{n+1}=Q^n$,状态保持。

由上式可列出 T 触发器的特性表,如表 5-6 所示。

表 5-6　T 触发器的特性表

CP	T	Q^n	Q^{n+1}	说　　明
⌐‾⌐	0	0	0	状态保持
⌐‾⌐	0	1	1	
⌐‾⌐	1	0	1	每来一个 CP,触发器的状态翻转一次
⌐‾⌐	1	1	0	

由特性表或特性方程可画出 T 触发器的状态转移图,如图 5-19 所示。

若给出输入信号 T 和 CP 的波形,并设触发器的初态为 0,可画出 T 触发器的工作波形图,如图 5-20 所示。

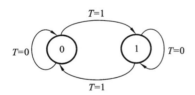

图 5-19　T 触发器状态转移图

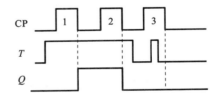

图 5-20　T 触发器的工作波形

2. T′触发器

若使 T 触发器的输入信号 T 恒等于 1 便构成 T′触发器,它的特性方程为

$$Q^{n+1}=\overline{Q^n} \tag{5-9}$$

每次 CP 信号作用后,触发器必然翻转为与初态相反的状态,也就是处于计数状态的 T 触发器。T′触发器的特性表为表 5-6 中 $T=1$ 的部分。

T 触发器具有计数功能($T=1$ 时)和状态保持功能($T=0$ 时),因而它是一种应用广泛的触发器。在触发器的定型产品中极少生产专门的 T 触发器,它常用 JK 触发器或其他触发器转换而成。

5.4　边沿触发器

采用主从触发方式,可以克服电位触发方式的多次翻转现象,但主从触发器有依次翻转特性,这就降低了其抗干扰能力。边沿触发器不仅可以克服电位触发方式的多次翻转现象,而且仅仅在时钟 CP 的上升沿或下降沿时刻才对输入激励信号响应,这样大大提高了抗干扰能力。

边沿触发器有 CP 上升沿(前沿)触发和 CP 下降沿(后沿)触发两种形式。

5.4.1　维持阻塞 D 触发器

维持阻塞 D 触发器是应用较为普遍的边沿触发器,其输出状态仅取决于 CP 的上升沿到来时 D 的逻辑状态,它是利用直流反馈来维持翻转后的新状态,维持阻塞 D 触发器可在同一时钟内再次产生翻转,抗干扰能力强。

1. 电路结构

维持阻塞 D 触发器的电路结构如图 5-21(a)所示,它的逻辑符号如图 5-21(b)所示。

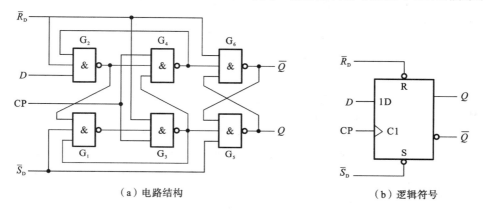

（a）电路结构　　　　　　　　　　　（b）逻辑符号

图 5-21　维持阻塞 D 触发器的电路结构和逻辑符号

由图 5-21 可以看出,维持阻塞 D 触发器是在 D 触发器的基础上增设了两个控制门 G_1、G_2 和 4 根直流反馈线。输入信号 D 由控制门 G_2 输入,为了扩展功能常设有直接置位端 $\overline{S}_D$、复位端 $\overline{R}_D$,用于将触发器直接置 1 或置 0,低电平有效。维持阻塞 D 触发器属于上升沿触发翻转的边沿触发器。

2. 工作原理

(1) CP＝0 时,G_3、G_4 门被封锁,$Q_3＝Q_4＝1$。G_5、G_6 组成的基本 RS 触发器维持原来的状态,$Q^{n+1}＝Q^n$。此时,G_1、G_2 门开启,输入信号 D 可通过 G_1、G_2 门,$Q_2＝\overline{DQ_4}＝\overline{D}$,$Q_1＝\overline{Q_2Q_3}＝D$。

(2) CP 上升沿到来时,G_3、G_4 门开启,可接收 G_1、G_2 门的输出信号。$Q_3＝\overline{CPQ_1}＝\overline{D}$,$Q_4＝\overline{CPQ_2Q_3}＝D$,即 Q_3、Q_4 由输入信号 D 的状态决定。触发器的特性方程为

$$Q^{n+1}＝\overline{Q_3}+Q_4Q^n＝D+DQ^n＝D \tag{5-10}$$

即触发器的输出状态由 CP 上升沿到达前瞬间的输入信号 D 来决定。

设 CP 上升沿到达前 $D＝1$,则 $Q_3＝0$、$Q_4＝1$。$Q_3＝0$ 的去向有三路:其一是使 $Q＝1$,$\overline{Q}＝0$,即触发器置 1;其二是封住 G_4 门,阻止 Q_4 变成低电平,即阻塞置 0 信号的产生;其三是封住 G_1 门,保证 $Q_1＝1$,以维持 CP＝1 期间 $Q_3＝0$,也就是维持置 1 信号的产生。只要这种维持置 1、阻塞置 0 作用发挥,在 CP＝1 期间,D 的任何变化将不会影响触发器的置 1。

设 CP 上升沿到达前 $D＝0$,则 $Q_3＝1$、$Q_4＝0$;同样 $Q_4＝0$,一方面使 $\overline{Q}＝1$、$Q＝0$,即触发器置 0,另一方面通过维持置 0、阻塞置 1 作用,使在 CP＝1 期间 D 的任何变化将不会影响触

发器的置 0。综上可见：① 维持阻塞 D 触发器在 CP 脉冲的上升沿产生状态变化，属上升沿触发方式；② 其次态取决于 CP 上升沿到达前瞬间 D 端的输入信号，CP 上升沿到达前将数据装入；③ 由于电路具有维持阻塞的功能，在 CP＝1 期间，D 的状态变化不会影响触发器的输出状态，可有效防止空转。

3. 逻辑功能分析

由上述分析可列出维持阻塞 D 触发器的特性表，如表 5-7 所示。

表 5-7　维持阻塞 D 触发器的特性表

CP	D	Q^n	Q^{n+1}	说　　明
⌐	0	×	0	输出状态与 D 端相同
	1	×	1	

由特性表可写出维持阻塞 D 触发器的特性方程为

$$Q^{n+1} = [D] \cdot CP\uparrow \qquad\qquad (5\text{-}11)$$

由特性表或特性方程可画出维持阻塞 D 触发器的状态转移图，如图 5-22 所示。

若给定 CP 和输入信号 D、$\overline{S}_D$ 与 $\overline{R}_D$ 的波形，并设触发器初态为 0 时，可画出维持阻塞 D 触发器的工作波形，如图 5-23 所示。

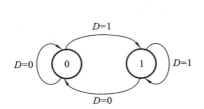

图 5-22　维持阻塞 D 触发器状态转移图

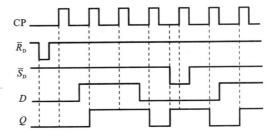

图 5-23　维持阻塞 D 触发器的工作波形

5.4.2　下降沿 JK 触发器

1. 电路结构

图 5-24 所示的为下降沿 JK 触发器电路结构，它由两个与或非门构成基本 RS 触发器，由与非门 G_1 和 G_2 构成触发导引电路。其中 $\overline{R}_D$、$\overline{S}_D$ 分别为直接置 0 和置 1 输入端。

2. 工作原理

图 5-24 所示电路中，要实现正确的逻辑功能，必须具备的条件是触发导引门 G_1 和 G_2 的平均延迟时间比基本 RS 触发器的平均延迟时间要长，这一点在制造时一般已经给予满足。例如，加宽三极管的基区宽度、输出采用集电极开路门结构等。在满足这一条件的前提下，分析其工作情况如下。

当 $\overline{R}_D＝0$、$\overline{S}_D＝1$ 时，门 G_3、G_4 均输出为 0，$\overline{Q}＝1$，且门 G_2 输出为 1，则门 G_5 输出为 1，

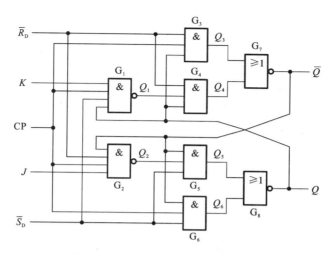

图 5-24 下降沿 JK 触发器电路结构

$Q=0$，实现置 0。

当 $\overline{R}_D=1$、$\overline{S}_D=0$ 时，门 G_5、G_6 均输出为 0，$Q=1$，且门 G_1 输出为 1，则门 G_4 输出为 1，$\overline{Q}=0$，实现置 1。

在 $\overline{R}_D=1$、$\overline{S}_D=1$ 的条件下，当 CP$=1$ 时，由于

$$Q=\overline{\overline{S}_D \cdot CP \cdot \overline{Q}+\overline{S}_D \cdot \overline{Q} \cdot Q_2}=Q$$

$$\overline{Q}=\overline{\overline{R}_D \cdot CP \cdot Q+\overline{R}_D \cdot Q \cdot Q_1}=\overline{Q}$$

故触发器状态保持不变。此时触发导引电路输出为

$$Q_1=\overline{K\overline{Q^n}}, \quad Q_2=\overline{J\,\overline{Q^n}} \tag{5-12}$$

为触发器状态转移准备条件。

当 CP 由 1 负向跳变至 0 时，由于门 G_1 和门 G_2 的平均延迟时间大于基本 RS 触发器的平均延迟时间，所以 CP$=0$ 首先封锁了门 G_3 和门 G_6，使其输出 $Q_3=0$、$Q_6=0$，这样由门 G_4、G_5、G_7、G_8 构成了类似两个与非门组成的基本 RS 触发器，G_2 起 $\overline{S}_D$ 信号作用，G_1 起 $\overline{R}_D$ 信号作用，可得

$$Q^{n+1}=\overline{Q_2}+Q_1Q^n \tag{5-13}$$

在基本 RS 触发器状态转移完成之前，门 G_1 和 G_2 的输出保持不变，因此将式(5-12)代入式(5-13)有

$$Q^{n+1}=\overline{\overline{J\,\overline{Q^n}}}+\overline{K\overline{Q^n}}Q^n=J\,\overline{Q^n}+\overline{K}Q^n \tag{5-14}$$

此后，门 G_1 和门 G_2 被 CP$=0$ 封锁，输出均为 1，触发器状态维持不变，触发器在完成一次状态转移后，不会再发生多次翻转现象。

但是，如果门 G_1 和门 G_2 的平均延迟时间小于基本 RS 触发器的平均延迟时间，则在 CP 信号负向跳变至 0 后，门 G_1 和门 G_2 即被封锁，输出均为 1，触发器状态维持不变，就不能实现正确的逻辑功能要求。

由以上分析可见，在稳定的 CP$=0$ 及 CP$=1$ 期间，触发器状态都维持不变，只有在 CP 下降沿到达时，触发器状态才发生转移，所以是下降沿触发，有时将特性方程写成

$$Q^{n+1}=[J\,\overline{Q^n}+\overline{K}Q^n] \cdot CP\downarrow \tag{5-15}$$

可见,边沿 JK 触发器逻辑功能完全与主从 JK 触发器相同,所不同的是它利用接收与非门的延时使触发器在稳定的 CP=0、上升沿及 CP=1 时,J 和 K 都不起作用,而在 CP 由 1 变为 0 的下降沿时刻,触发器解除了"自锁",接收了输入信号 J、K,并按 JK 触发器的特征规律变化。

边沿 JK 触发器的特性表、状态转移图及工作波形图与主从 JK 触发器相同,不再列出。

5.5 CMOS 触发器

5.5.1 CMOS 传输门构成的基本触发器

图 5-25 所示的为 CMOS 传输门构成的基本触发器电路。它由两个传输门(TG_1、TG_2)和两个或非门相连,构成基本触发器。当 CP=0、$\overline{CP}$=1 时,传输门 TG_1 导通,TG_2 截止,触发器接收输入激励信号 D,使 $\overline{Q}=\overline{D}$,$Q=D$;当 CP=1、$\overline{CP}$=0 时,传输门 TG_1 截止,TG_2 导通,触发器的状态保持不变,将 CP=0 时接收到的信号存储起来。

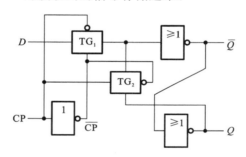

图 5-25 CMOS 传输门构成的基本触发器

5.5.2 CMOS 传输门构成的主从 D 触发器

图 5-26 所示的为 CMOS 传输门构成的主从 D 触发器电路。其中传输门 TG_1、TG_2 和或非门 G_1、G_2 构成主触发器,输出为 $Q_主$ 和 $\overline{Q}_主$;传输门 TG_3、TG_4 和或非门 G_3、G_4 构成从触发器,输出为 Q' 和 $\overline{Q}'$;两个反相器为输出门,输出 Q 和 $\overline{Q}$ 作为整个电路的输出。图中 R_D、S_D 为异步置 0、置 1 输入端,如图中虚线所示。R_D、S_D 信号高电平有效。

当 CP=0、$\overline{CP}$=1 时,传输门 TG_3 截止,切断了从触发器与主触发器之间的通路,保持从触发器的状态不变。这时,由于传输门 TG_1 导通,TG_2 截止,主触发器接收输入激励信号 D,使 $\overline{Q}_主=\overline{D}$,$Q_主=D$。这一段时间为主触发器状态转移时间,是准备阶段。

当 CP 信号由 0 正向跳变至 1 时刻,$\overline{CP}$ 由 1 负向跳变至 0。由于 CP=1、$\overline{CP}$=0,传输门 TG_1 截止,切断了主触发器与输入激励信号 D 的通路,而 TG_2 导通,或非门 G_1 和 G_2 形成交叉耦合,保持 CP 由 0 正向跳变至 1 这一时刻所接收的 D 信号,且在 CP=1 期间主触发器的状态一直保持不变。与此同时,传输门 TG_3 导通,TG_4 截止,从触发器和主触发器连通,这一时刻从触发器状态转移。

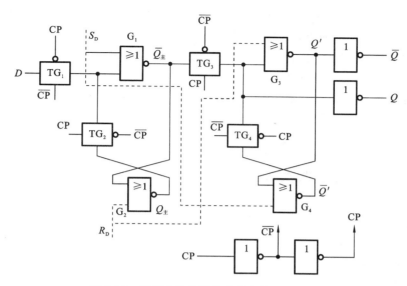

图 5-26　CMOS 传输门构成的主从 D 触发器

由以上分析可见,图 5-26 所示主从 D 触发器的状态转移是发生在 CP 上升沿(前沿)到达时刻,且接收这一时刻的输入激励信号 D,因此特性方程为

$$Q^{n+1} = [D] \cdot CP \uparrow \tag{5-16}$$

5.5.3　CMOS 传输门构成的边沿 JK 触发器

图 5-27 所示的为 CMOS 传输门构成的边沿 JK 触发器电路,它的结构与图 5-26 所示电路相同,不同点仅在于在输入端增加了控制门 G_5、G_6、G_7,形成两个激励信号输入端,由图可见

$$D = (J + Q^n)\overline{K Q^n} = J\,\overline{Q^n} + \overline{K}Q^n$$

所以

$$Q^{n+1} = D = J\,\overline{Q^n} + \overline{K}Q^n$$

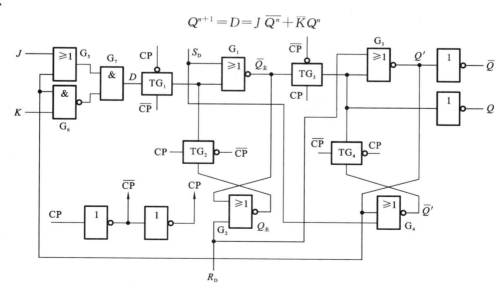

图 5-27　CMOS 传输门构成的边沿 JK 触发器

需要说明的是,虽然图 5-27 所示电路是主从结构形式,但由于 CP＝1 时,已经切断了主触发器与输入信号之间的通路,因此不会发生一次翻转的现象。

综上所述,边沿触发器工作时,总是在 CP 的上升沿(或下降沿)之前接收输入信号,而在 CP 的上升沿(或下降沿)到来时刻触发翻转、记忆或传输信号,在触发沿过后封锁输入,以上均在触发沿前后完成,故称边沿触发器。因此,边沿触发器较其他触发器有抗干扰能力强、速度快、使用灵活等优点。

5.6　集成边沿触发器

边沿触发器的边沿触发方式提高了触发器的抗干扰能力,增强了工作的可靠性,因此,在数字电路中应用十分广泛。

1. 集成 JK 触发器

集成 JK 触发器的产品较多,以下介绍较典型的 TTL 双 JK 触发器 74LS76(高速 CMOS 双 JK 触发器 74HC76)和 CMOS 双 JK 触发器 CC4027。集成器件内含两个相同的 JK 触发器,它们都带有异步置 1(预置)和异步置 0(清零)输入端。74LS76 属于下降沿触发的触发器,其逻辑符号和引脚排列如图 5-28 所示。74LS76 的逻辑功能表如表5-8 所示。

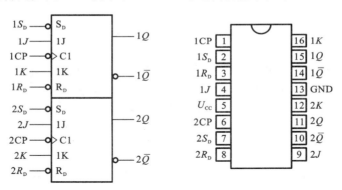

图 5-28　74LS76 的逻辑符号和引脚排列图

表 5-8　74LS76 的功能表

输　　入					输　　出	
预置 S_D	清零 R_D	时钟 CP	J	K	Q^{n+1}	$\overline{Q}^{n+1}$
0	1	$\times$	$\times$	$\times$	1	0
1	0	$\times$	$\times$	$\times$	0	1
1	1	⊐	0	0	Q^n	$\overline{Q}^n$
1	1	⊐	1	0	1	0
1	1	⊐	0	1	0	1
1	1	⊐	1	1	$\overline{Q}^n$	Q^n

CMOS 双 JK 触发器 CC4027 的逻辑符号和引脚排列如图 5-29 所示。由图 5-29 可见，CC4027 属于上升沿触发的触发器，两个触发器分居左右两边且从上至下各信号的排列顺序相同，电源的正负端分布在右上角和左下角，与常用的大多数集成电路相同。CC4027 的引脚排列使其很适合学生做创新设计实验时使用。CC4027 的逻辑功能表，除了 CP 是上升沿触发外，其余与 74LS76 的相同，可参见表 5-8。

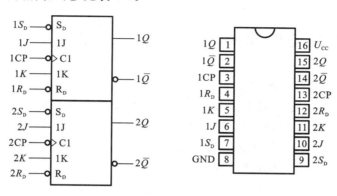

图 5-29　CC4027 的逻辑符号和引脚排列图

2. 集成 D 触发器

集成 D 触发器的定型产品种类比较多，这里介绍 TTL 双 D 触发器 74LS74（高速 CMOS 双 D 触发器 74HC74）。该器件内含两个相同的 D 触发器，74LS74 的逻辑符号和引脚排列如图 5-30 所示，功能表如表 5-9 所示。74LS74 是带有预置、清零输入、上升沿触发的触发器。S_D 和 R_D 是异步输入端，低电平有效。异步输入端 S_D 和 R_D 的作用与 RS 触发器的置 1 端和

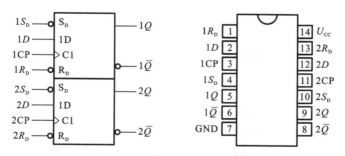

图 5-30　74LS74 的逻辑符号和引脚排列图

表 5-9　74LS74 的功能表

输入				输出	
预置 S_D	清零 R_D	时钟 CP	D	Q^{n+1}	$\overline{Q}^{n+1}$
0	1	×	×	1	0
1	0	×	×	0	1
1	1	↑	0	0	1
1	1	↑	1	1	0
1	1	0	×	Q^n	$\overline{Q}^n$

置 0 端的作用相同：S_D 用于直接置位,也称直接置位端或置 1 端;R_D 用于直接复位,也称直接复位端或置 0 端。当 $S_D=0$ 且 $R_D=1$ 时,不论激励输入端 D 为何种状态都不需要时钟脉冲 CP 的触发,都会使 $Q=1,\overline{Q}=0$,即触发器置 1;当 $S_D=1$ 且 $R_D=0$ 时,触发器的状态为 0。逻辑符号中异步输入端的小圆圈表示低电平有效,若无小圆圈则表示高电平有效。

5.7　不同类型触发器之间的相互转换

不同的触发器都具有一定的电路结构和逻辑功能。根据电路结构不同,触发器可分为基本 RS 触发器、同步触发器、主从触发器和边沿触发器等几种不同的类型。不同的电路结构有不同的动作特点。根据逻辑功能不同,触发器可分为 RS、D、JK、T 等几种类型。逻辑功能可通过特性表、特性方程、状态卡诺图、状态转换图和时序图等几种不同形式来表示。

触发器的电路结构和逻辑功能之间并没有严格的一一对应关系,即同一种逻辑功能的触发器可以用不同的电路结构形式来实现。同一种电路结构形式也可以构成不同逻辑功能的触发器。另外,数字系统中往往需要不同逻辑功能的触发器,而现今市场上的触发器多为 JK 触发器和 D 触发器,这就需要掌握相应触发器之间的转换方法。

触发器之间相互转换的基本步骤如下:

(1) 写出已有触发器和待求触发器的特性方程;

(2) 变换待求触发器的特性方程,使之与已有触发器的特性方程形式一致;

(3) 根据方程式,如果变量、系统相同,则方程一定相同的原则,比较已有和待求触发器的特性方程,求出转换逻辑;

(4) 画逻辑电路图。

5.7.1　JK 触发器转换成 RS、D 和 T 触发器

JK 触发器的特性方程:

$$Q^{n+1}=J\,\overline{Q^n}+\overline{K}Q^n$$

1. JK 触发器转换成 RS 触发器

(1) 待求 RS 触发器的特性方程:

$$\begin{cases} Q^{n+1}=S+\overline{R}Q^n \\ RS=0\,(约束条件) \end{cases}$$

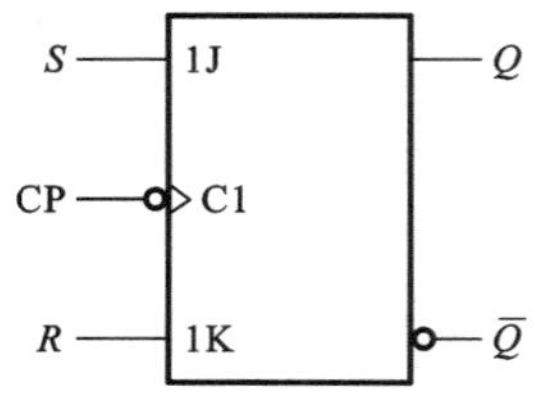

图 5-31　JK 触发器转换成的
　　　　　RS 触发器

(2) 变换 RS 触发器的特性方程:
$$Q^{n+1}=S+\overline{R}Q^n=S(\overline{Q^n}+Q^n)+\overline{R}Q^n=S\,\overline{Q^n}+\overline{R}Q^n+SQ^n$$
$$=S\,\overline{Q^n}+\overline{R}Q^n+SQ^n(\overline{R}+R)=S\,\overline{Q^n}+\overline{R}Q^n$$

(3) 将上式和 JK 触发器的特征方程进行比较,可得
$$J=S,\quad K=R$$

(4) 画逻辑图,如图 5-31 所示。

2. JK 触发器转换成 D 触发器

(1) 待求 D 触发器的特性方程:

$$Q^{n+1}=D$$

（2）变换 D 触发器的特性方程：
$$Q^{n+1}=D=D(\overline{Q^n}+Q^n)=D\,\overline{Q^n}+DQ^n$$

（3）将上式和 JK 触发器的特征方程进行比较，可得
$$J=D, \quad K=\overline{D}$$

（4）画逻辑图，如图 5-32 所示。

3．JK 触发器转换成 T 触发器

（1）待求 T 触发器的特性方程：
$$Q^{n+1}=T\,\overline{Q^n}+\overline{T}Q^n$$

（2）将上式和 JK 触发器的特征方程进行比较，可得
$$J=T, \quad K=T$$

（3）画逻辑图，如图 5-33 所示。

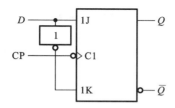

图 5-32　JK 触发器转换成的 D 触发器

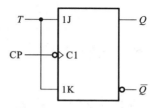

图 5-33　JK 触发器转换成的 T 触发器

5.7.2　D 触发器转换成 RS、JK 和 T 触发器

D 触发器的特性方程：
$$Q^{n+1}=D$$

1．D 触发器转换成 RS 触发器

（1）待求 RS 触发器的特性方程：
$$\begin{cases} Q^{n+1}=S+\overline{R}Q^n \\ RS=0\,（约束条件） \end{cases}$$

（2）比较上式与 D 触发器的特征方程，若令
$$D=S+\overline{R}Q^n$$
则两式相等。

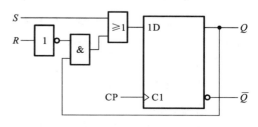

图 5-34　D 触发器转换成的 RS 触发器

（3）画逻辑图，如图 5-34 所示。

2．D 触发器转换成 JK 触发器

（1）待求 JK 触发器的特性方程：
$$Q^{n+1}=J\,\overline{Q^n}+\overline{K}Q^n$$

（2）比较上式与 D 触发器的特征方程，若令
$$D=J\,\overline{Q^n}+\overline{K}Q^n$$
则两式相等。

（3）画逻辑图，如图 5-35 所示。

3. D 触发器转换成 T 触发器

（1）待求 T 触发器的特性方程：

$$Q^{n+1} = T\overline{Q^n} + \overline{T}Q^n$$

（2）比较上式与 D 触发器的特征方程，若令

$$D = T\overline{Q^n} + \overline{T}Q^n = T \oplus Q^n$$

则两式相等。

（3）画逻辑图，如图 5-36 所示。

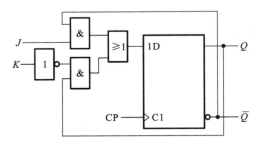

图 5-35　D 触发器转换成的 JK 触发器

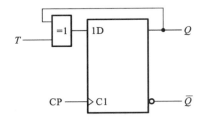

图 5-36　D 触发器转换成的 T 触发器

5.8　触发器的主要参数

1. 建立时间 t_{set}

建立时间是指输入信号应先于 CP 信号达到的时间，用 t_{set} 表示。对于维持阻塞型双 D 触发器 74LS74 而言，输入信号 D 的建立必须先于 CP 上升沿 $2t_{\text{pd}}$，从手册查到 $t_{\text{set}} \leqslant 20$ ns。

2. 保持时间 t_{h}

为保证触发器可靠翻转，输入信号在 CP 触发沿到达后，需要再保持一段时间，这段时间称为保持时间 t_{h}。对于维持阻塞型双 D 触发器 74LS74 而言，在 CP 上升沿到达后，输入信号 D 仍需保持 t_{pd} 等待维持阻塞作用建立。

3. 传输延迟时间 t_{PLH}、t_{PHL}

对于有时钟信号的触发器，从触发信号 CP 上升沿或下降沿开始，触发器新状态稳定地建立起来的这段时间称为传输延迟时间。对于 74LS74 而言，t_{PLH} 和 t_{PHL} 分别为

$$t_{\text{PLH}} = 2t_{\text{pd}}$$
$$t_{\text{PHL}} = 3t_{\text{pd}}$$

4. 最高时钟频率

为保证触发器可靠翻转，时钟信号 CP 的高、低电平持续时间要大于触发器的传输延迟时间。因此，要求时钟信号 CP 有一个最高频率 $f_{\text{C(max)}}$。

例如，对于同步 RS 触发器，CP 高电平持续时间要大于 t_{PHL}，而为保证下一个 CP 上升沿到达之前触发器的输出得以稳定建立，CP 的低电平持续时间应大于 t_{set} 和一个门的延迟时间。因此，

$$f_{\text{C(max)}} = \frac{1}{t_{\text{PHL}} + t_{\text{set}} + t_{\text{pd}}}$$

习　题　5

5-1　分析图 5-37(a)所示的由或非门构成的基本 RS 触发器的功能,并根据图 5-37(b)所示的输入波形画出 Q、$\overline{Q}$ 的波形。

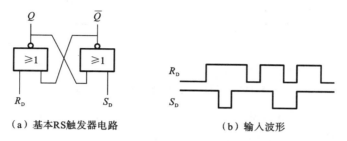

（a）基本RS触发器电路　　　　　（b）输入波形

图 5-37　题 5-1 图

5-2　维持阻塞 D 触发器接成如图 5-38(a)、(b)、(c)、(d)所示形式,设触发器的初始状态为 0,试根据图 5-38(e)所示的 CP 波形画出 Q_a、Q_b、Q_c、Q_d 的波形。

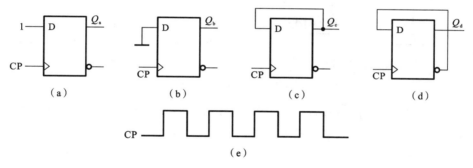

（a）　　　　　（b）　　　　　（c）　　　　　（d）

（e）

图 5-38　维持阻塞 D 触发器和 CP 波形

5-3　下降沿 JK 触发器输入波形如图 5-39 所示,设触发器的初始状态为 0,画出相应的输出波形。

5-4　边沿触发器电路如图 5-40(a)所示,设初始状态均为 0,试根据图 5-40(b)所示的 CP 波形画出 Q_1、Q_2 的波形。

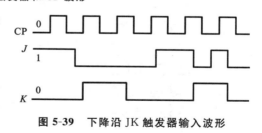

图 5-39　下降沿 JK 触发器输入波形

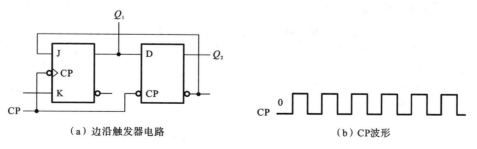

（a）边沿触发器电路　　　　　（b）CP波形

图 5-40　边沿触发器电路和 CP 波形

5-5 边沿触发器电路如图 5-41(a)所示,设初始状态均为 0,试根据图 5-41(b)所示的 CP 和 D 的波形画出 Q_1、Q_2 的波形。

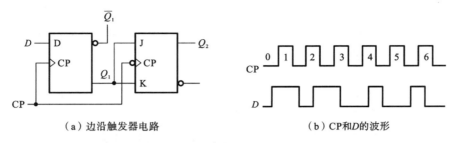

（a）边沿触发器电路　　　　　　（b）CP 和 D 的波形

图 5-41　边沿触发器电路、CP 和 D 的波形

5-6 边沿 T 触发器电路如图 5-42(a)所示,设初始状态为 0,试根据图 5-42(b)所示的 CP 波形画出 Q_1、Q_2 的波形。

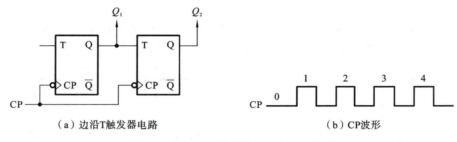

（a）边沿T触发器电路　　　　　　（b）CP波形

图 5-42　边沿 T 触发器电路和 CP 波形

5-7 触发器电路如图 5-43(a)所示,设各触发器的初始状态均为 0,画出在图 5-43(b)所示的 CP 脉冲作用下 Q_1、Q_2 的波形。

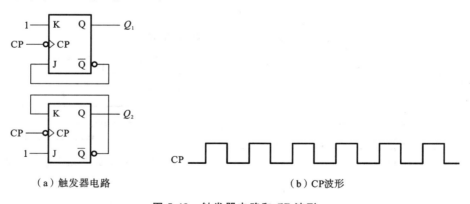

（a）触发器电路　　　　　　（b）CP波形

图 5-43　触发器电路和 CP 波形

第 6 章 时序逻辑电路的分析和设计

时序逻辑电路分为同步时序逻辑电路和异步时序逻辑电路两大类型,构成时序逻辑电路的基本器件是触发器,因此时序逻辑电路具有记忆功能,这是时序逻辑电路和组合逻辑电路在功能上的最大区别。本章从时序逻辑电路的结构特点入手,着重介绍了时序逻辑电路的分析方法、计数器和寄存器的分析和设计方法,为时序逻辑电路的运用打下一定基础。现代数字系统越来越广泛地应用集成电路,因此,本章还对一些时序逻辑电路的中规模集成电路芯片加以介绍,以提高读者对数字电路的综合应用能力。

6.1 时序逻辑电路概述

6.1.1 时序逻辑电路的结构特点

时序逻辑电路的基本特点是任一时刻的输出信号不仅取决于该时刻的输入信号,而且还取决于电路原来的状态。时序逻辑电路的结构框图如图 6-1 所示。图中 $X(x_1,x_2,\cdots,x_n)$ 代表时序逻辑电路的输入信号,$Z(z_1,z_2,\cdots,z_m)$ 代表时序逻辑电路的输出信号,$Y(y_1,y_2,\cdots,y_k)$ 代表存储电路的输入信号,$Q(q_1,q_2,\cdots,q_j)$ 代表存储电路的输出信号。由图 6-1 可知,时序逻辑电路的结构具有如下两个特点。

(1) 时序逻辑电路往往由组合逻辑电路和存储电路组成,而且存储电路是必不可少的。

(2) 时序逻辑电路存在反馈,即存储电路的输出反馈到输入端,与时序逻辑电路的输入信号共同决定组合逻辑电路的输出。它们之间的关系可以用下面的逻辑关系式或者向量函数的形式来表示:

逻辑关系式为

$$
\begin{cases}
z_m = f_m(x_1,x_2,\cdots,x_n,q_1^n,q_2^n,\cdots,q_j^n) \\
y_k = g_k(x_1,x_2,\cdots,x_n,q_1^n,q_2^n,\cdots,q_j^n) \\
q_j^{n+1} = h_j(y_1,y_2,\cdots,y_k,q_1^n,q_2^n,\cdots,q_j^n)
\end{cases} \quad (6\text{-}1)
$$

写成向量函数的形式为

$$
\begin{cases}
\boldsymbol{Z} = F(\boldsymbol{X},\boldsymbol{Q}^n) \\
\boldsymbol{Y} = G(\boldsymbol{X},\boldsymbol{Q}^n) \\
\boldsymbol{Q}^{n+1} = H(\boldsymbol{Y},\boldsymbol{Q}^n)
\end{cases} \quad (6\text{-}2)
$$

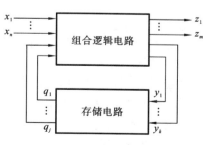

图 6-1 时序逻辑电路的结构框图

6.1.2 时序逻辑电路的分类

根据存储电路,即触发器状态变化的特点,时序逻辑电路分为同步时序逻辑电路和异步时序逻辑电路两大类。

在同步时序逻辑电路中，所有存储单元状态的变化都是在同一时钟信号操作下同时发生的，各个触发器的时钟脉冲相同。

在异步时序逻辑电路中，存储单元状态的变化不是同时发生的，可能有一部分电路有公共的时钟信号，也可能完全没有公共的时钟信号。

6.1.3 时序逻辑电路的表示方法

时序逻辑电路的逻辑功能除了用逻辑方程，即状态方程、输出方程和驱动方程等方程式表示之外，还可以用状态转移表、状态转移图、时序图等形式来表示。状态转移表、状态转移图、时序图都是描述时序逻辑电路状态转换全部过程的方法，它们之间是可以相互转换的。

1. 逻辑方程

向量函数式(6-2)又称为逻辑方程。

2. 状态转移表

状态转移表也称为状态迁移表或状态表，它是用列表的方式来描述时序逻辑电路外部输出信号 Z、次态 Q^{n+1} 和外部输入信号 X、现态 Q^n 之间的逻辑关系。

3. 状态转移图

状态转移图也称为状态图，它是用几何图形的方式来描述时序逻辑电路外部输入信号 X、外部输出信号 Z 以及状态转移规律之间的逻辑关系。

4. 时序图

时序图是时序逻辑电路的工作波形图，它以波形的形式描述时序逻辑电路内部状态 Q、外部输出信号 Z 随外部输入信号 X 变化的规律。

6.1.4 时序逻辑电路的分析方法

时序逻辑电路的分析，就是根据给定的时序逻辑电路图，找出该时序逻辑电路在输入信号及时钟信号作用下，电路状态与输出信号的变化规律，从而了解时序逻辑电路的逻辑功能。

时序逻辑电路的分析方法如下。

(1) 写方程式。

根据给定的逻辑图，写出时序逻辑电路的输出方程和各触发器的驱动方程。

(2) 求状态方程。

将驱动方程代入所用触发器的特性方程，获得时序逻辑电路的状态方程。

(3) 列状态转移表、画状态转移图和时序图。

根据时序逻辑电路的状态方程和输出方程，建立状态转移表，由状态转移表画出状态转移图，进而画出时序图。

(4) 说明电路的逻辑功能。

1. 同步时序逻辑电路分析举例

例 6-1 分析如图 6-2 所示的同步时序逻辑电路的逻辑功能。

解 (1) 写方程式。

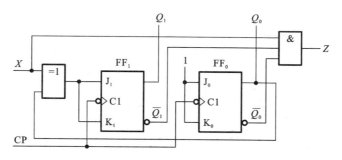

图 6-2 例 6-1 的电路图

各触发器的驱动方程为

$$\begin{cases} J_0 = K_0 = 1 \\ J_1 = K_1 = X \oplus Q_0^n \end{cases} \tag{6-3}$$

时序逻辑电路的输出方程为

$$Z = X\,\overline{Q_1^n}\,\overline{Q_0^n} \tag{6-4}$$

（2）求状态方程。

将驱动方程代入触发器的特性方程并化简,得

$$\begin{cases} Q_1^{n+1} = J_1\,\overline{Q_1^n} + \overline{K_1}Q_1^n = (X \oplus Q_0^n)\overline{Q_1^n} + \overline{X \oplus Q_0^n}Q_1^n = X \oplus Q_0^n \oplus Q_1^n \\ Q_0^{n+1} = J_0\,\overline{Q_0^n} + \overline{K_0}Q_0^n = \overline{Q_0^n} \end{cases} \tag{6-5}$$

（3）列状态转移表、画状态转移图和时序图。

由上述状态方程可列出逻辑电路的状态转移表如表 6-1 所示。由此,可画出电路的状态转移图如图 6-3 所示,电路的时序图如图 6-4 所示。

表 6-1 例 6-1 的状态转移表

输　入	现　态	次　态	输　出
X	$Q_1^n\,Q_0^n$	$Q_1^{n+1}\,Q_0^{n+1}$	Z
0	0　0	0　1	0
0	0　1	1　0	0
0	1　0	1　1	0
0	1　1	0　0	0
1	0　0	1　1	1
1	0　1	0　0	0
1	1　0	0　1	0
1	1　1	1　0	0

（4）说明电路的逻辑功能。

当外部输入 $X=0$ 时,状态转移按 00→01→10→11→00→……规律变化,实现模 4 加法计数器的功能;当 $X=1$ 时,状态转移按 00→11→10→01→00→……规律变化,实现模 4 减法计数器的功能。所以,该电路是一个同步模 4 可逆计数器。X 为加/减控制信号,Z 为进/借位输出。

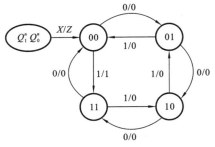

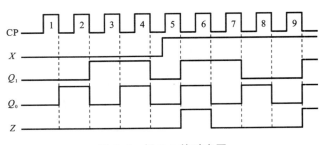

图 6-3 例 6-1 的状态转移图

图 6-4 例 6-1 的时序图

2. 异步时序逻辑电路分析举例

例 6-2 分析如图 6-5 所示的异步时序逻辑电路的逻辑功能。

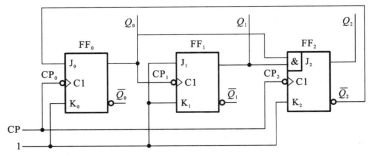

图 6-5 例 6-2 的电路图

解 (1) 写时钟方程:$CP_0 = CP \downarrow$,$CP_1 = \overline{Q_0^n} \downarrow$,$CP_2 = CP \downarrow$

(2) 写方程式。

各触发器的驱动方程为

$$\begin{cases} J_0 = \overline{Q_2^n}, & K_0 = 1 \\ J_1 = K_1 = 1 \\ J_2 = Q_1^n Q_0^n, & K_2 = 1 \end{cases} \tag{6-6}$$

(3) 求状态方程。

将驱动方程代入触发器的特性方程并化简,得

$$\begin{cases} Q_0^{n+1} = \overline{Q_2^n} \, \overline{Q_0^n}, & CP \downarrow \\ Q_1^{n+1} = \overline{Q_1^n}, & Q_0 \downarrow \\ Q_2^{n+1} = \overline{Q_2^n} Q_1^n Q_0^n, & CP \downarrow \end{cases} \tag{6-7}$$

(4) 列状态转移表、画状态转移图和时序图。

由上述状态方程可列出逻辑电路的状态转移表如表 6-2 所示。由此,可画出电路的状态转移图如图 6-6 所示,电路的时序图如图 6-7 所示。

(5) 说明电路的逻辑功能。

综上分析得知,该电路是一个异步五进制(模 6)加法计数器电路,且该电路具有自启动功能。

表 6-2　例 6-2 的状态转移表

Q_2^n	Q_1^n	Q_0^n	CP_0、CP_2	CP_1	Q_2^{n+1}	Q_1^{n+1}	Q_0^{n+1}
0	0	0	↓	↑	0	0	1
0	0	1	↓	↓	0	1	0
0	1	0	↓	↑	0	1	1
0	1	1	↓	↓	1	0	0
1	0	0	↓	—	0	0	0
1	0	1	↓	↓	0	1	0
1	1	0	↓	—	0	1	0
1	1	1	↓	↓	0	0	0

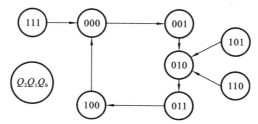

图 6-6　例 6-2 的状态转移图

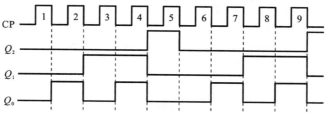

图 6-7　例 6-2 的时序图

6.2　计数器

在数字电路中,能够记忆输入脉冲个数的电路称为计数器。计数器是一个周期性的时序逻辑电路,其状态转移图有一个闭合环,闭合环循环一次所需要的时钟脉冲的个数称为计数器的模值 M。由 n 个触发器构成的计数器,其模值 M 一般应满足 $2^{n-1}<M\leqslant 2^n$。

计数器有许多不同的类型:① 按时钟控制方式来分有异步、同步两大类;② 按计数过程中数值的增减来分,有加法、减法、可逆计数器三类;③ 按模值来分有二进制、十进制和任意进制计数器。

6.2.1　二进制计数器

1. 异步二进制加法计数器

由 JK 触发器组成的 3 位异步二进制加法计数器的逻辑图如图 6-8 所示。其工作原理如下。

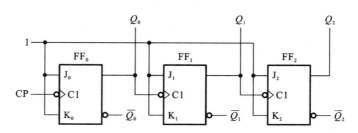

图 6-8　由 JK 触发器组成的 3 位异步二进制加法计数器

设计数器的初始状态都为 $Q_2Q_1Q_0=000$，当第一个计数脉冲的下降沿到来时，FF_0 的状态翻转，Q_0 由 0 变为 1，其余触发器无脉冲下降沿信号到来，各触发器保持原态，此时计数器状态为 $Q_2Q_1Q_0=001$。

当第二个计数脉冲的下降沿到来时，FF_0 的状态翻转，Q_0 由 1 变为 0，输出一个下降沿信号，使 FF_1 触发器的状态由 0 翻转为 1，而 FF_2 触发器保持原态，计数器的状态变为 $Q_2Q_1Q_0=010$。

按照上述规律，低位触发器的状态由 0 变为 1 时，相邻高位触发器的状态不发生变化，而只要低位触发器的状态由 1 变为 0，相邻高位触发器的状态就会翻转。当第八个计数脉冲的下降沿到来时，计数器返回初始状态，即 $Q_2Q_1Q_0=000$。这三个触发器的时钟信号不相同，状态的转换有先有后，故称为异步计数器。计数器中各触发器的状态转移表如表 6-3 所示，它的时序图如图 6-9 所示。

表 6-3　3 位异步二进制加法计数器的状态转移表

计数脉冲数	计数器状态		
	Q_2	Q_1	Q_0
0	0	0	0
1	0	0	1
2	0	1	0
3	0	1	1
4	1	0	0
5	1	0	1
6	1	1	0
7	1	1	1
8	0	0	0

2. 异步二进制减法计数器

由 JK 触发器组成的 3 位异步二进制减法计数器的逻辑图如图 6-10 所示。其工作原理如下。

设计数器的初始状态都为 $Q_2Q_1Q_0=000$，当第一个计数脉冲的下降沿到来时，FF_0 的状态翻转，Q_0 由 0 变为 1，$\overline{Q_0}$ 由 1 变为 0，输出一个下降沿，使 FF_1 触发器的状态翻转，Q_1 由 0 变为

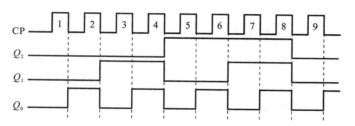

图 6-9 3 位异步二进制加法计数器的时序图

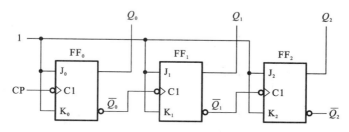

图 6-10 由 JK 触发器组成的 3 位异步二进制减法计数器

1, $\overline{Q_1}$ 由 1 变为 0, 使 FF_2 触发器的状态翻转, Q_2 由 0 变为 1, 此时计数器状态为 $Q_2Q_1Q_0 = 111$。

当第二个计数脉冲的下降沿到来时, FF_0 的状态翻转, Q_0 由 1 变为 0, $\overline{Q_0}$ 由 0 变为 1, FF_1 触发器无脉冲下降沿信号到来, 保持原态, 即 $Q_1 = 1$, 使 FF_2 触发器也保持原态, 计数器的状态变为 $Q_2Q_1Q_0 = 110$。

按照上述规律, 低位触发器的状态由 1 变为 0 时, 相邻高位触发器的状态不发生变化, 而只要低位触发器的状态由 0 变为 1, 相邻高位触发器的状态就会翻转。当第八个计数脉冲的下降沿到来时, 计数器返回初始状态, 即 $Q_2Q_1Q_0 = 000$。计数器中各触发器的状态转移表如表 6-4 所示, 它的时序图如图 6-11 所示。

表 6-4 3 位异步二进制减法计数器的状态转移表

计数脉冲数	计数器状态		
	Q_2	Q_1	Q_0
0	0	0	0
1	1	1	1
2	1	1	0
3	1	0	1
4	1	0	0
5	0	1	1
6	0	1	0
7	0	0	1
8	0	0	0

3. 同步二进制加法计数器

如图 6-12 所示为由 JK 触发器组成的 3 位同步二进制加法计数器, 用下降沿触发。下面

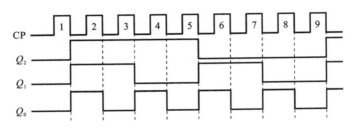

图 6-11　3 位异步二进制减法计数器的时序图

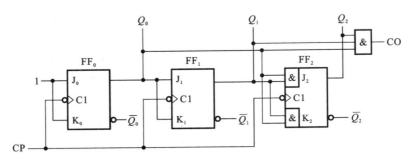

图 6-12　由 JK 触发器组成的 3 位同步二进制加法计数器

分析其工作原理。

（1）写方程式。

输出方程为

$$CO = Q_2^n Q_1^n Q_0^n \tag{6-8}$$

驱动方程为

$$\begin{cases} J_0 = K_0 = 1 \\ J_1 = K_1 = Q_0^n \\ J_2 = K_2 = Q_1^n Q_0^n \end{cases} \tag{6-9}$$

（2）求状态方程。

将驱动方程代入触发器的特性方程并化简,得

$$\begin{cases} Q_0^{n+1} = J_0 \overline{Q_0^n} + \overline{K_0} Q_0^n = \overline{Q_0^n} \\ Q_1^{n+1} = J_1 \overline{Q_1^n} + \overline{K_1} Q_1^n = Q_0^n \overline{Q_1^n} + \overline{Q_0^n} Q_1^n \\ Q_2^{n+1} = J_2 \overline{Q_2^n} + \overline{K_2} Q_2^n = Q_1^n Q_0^n \overline{Q_2^n} + \overline{Q_1^n Q_0^n} Q_2^n \end{cases} \tag{6-11}$$

（3）列状态转移表。

设计数器的初始状态为 $Q_2^n Q_1^n Q_0^n = 000$,代入输出方程和状态方程可列出逻辑电路的状态转移表如表 6-5 所示。

（4）说明电路的逻辑功能。

由表 6-5 可以看出,图 6-10 所示电路在输入第八个计数脉冲 CP 后,返回到初始的 000 状态,同时进位输出端 CO 输出一个进位信号。因此该电路为八进制计数器。

4. 同步二进制减法计数器

要实现 3 位同步二进制减法计数,必须在输入第一个计数脉冲时,电路的状态由 000 变为 111。为此,只要将图 6-12 所示的同步二进制加法计数器中各触发器的输出由 Q 端改为 $\overline{Q}$ 端后,便成为同步二进制减法计数器,其逻辑图如图 6-13 所示。

表 6-5　3 位同步二进制加法计数器的状态转移表

计数脉冲数	计数器状态			输出 CO
	Q_2	Q_1	Q_0	
0	0	0	0	0
1	0	0	1	0
2	0	1	0	0
3	0	1	1	0
4	1	0	0	0
5	1	0	1	0
6	1	1	0	0
7	1	1	1	1
8	0	0	0	0

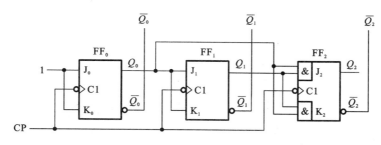

图 6-13　由 JK 触发器组成的 3 位同步二进制减法计数器

6.2.2　非二进制计数器

在非二进制计数器中,最常用的是十进制计数器。

1. 异步十进制加法计数器

异步十进制加法计数器是在 4 位异步二进制加法计数器的基础上经过适当修改获得的。如图 6-14 所示为由 4 个 JK 触发器组成的异步十进制加法计数器的逻辑图。

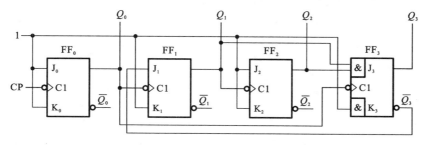

图 6-14　由 JK 触发器组成的异步十进制加法计数器

电路工作原理如下。

设计数器的初始状态都为 $Q_3Q_2Q_1Q_0=0000$，当第一个计数脉冲的下降沿到来时，FF$_0$ 的状态翻转，Q_0 由 0 变为 1，其余触发器无脉冲下降沿信号到来，各触发器保持原态，此时计数器状态为 $Q_3Q_2Q_1Q_0=0001$。

当第二个计数脉冲的下降沿到来时，FF$_0$ 的状态翻转，Q_0 由 1 变为 0，输出一个下降沿信号，使 FF$_1$ 触发器的状态由 0 翻转为 1，而 FF$_2$ 和 FF$_3$ 触发器都保持原态，计数器的状态变为 $Q_3Q_2Q_1Q_0=0010$。

按照上述规律，当第九个计数脉冲的下降沿到来时，$Q_3Q_2Q_1Q_0=1001$。当第十个计数脉冲的下降沿到来时，FF$_0$ 翻转，$Q_0=0$；因为 $\overline{Q_3}=0 \rightarrow J_1=0$，FF$_1$ 被置 0，$Q_1=0$；FF$_2$ 保持原态，$Q_2=0$；又因为 $J_3=Q_1Q_2=0$，Q_1 的下降沿使得 FF$_3$ 被置 0，$Q_3=0$。计数器又返回初始状态，即 $Q_3Q_2Q_1Q_0=0000$。计数器中各触发器的状态转移表如表 6-6 所示。它的时序图如图 6-15 所示。

表 6-6　异步十进制加法计数器的状态转移表

计数脉冲数	计数器状态			
	Q_3	Q_2	Q_1	Q_0
0	0	0	0	0
1	0	0	0	1
2	0	0	1	0
3	0	0	1	1
4	0	1	0	0
5	0	1	0	1
6	0	1	1	0
7	0	1	1	1
8	1	0	0	0
9	1	0	0	1
10	0	0	0	0

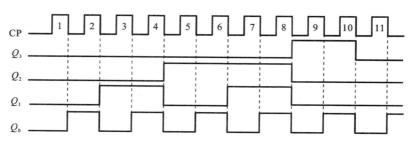

图 6-15　异步十进制加法计数器的时序图

2. 同步十进制加法计数器

如图 6-16 所示为由 JK 触发器组成的同步十进制加法计数器的逻辑图，下降沿触发。其工作原理的分析请参照同步二进制加法计数器的分析方法进行分析。

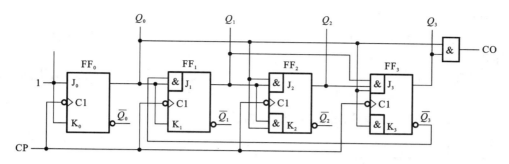

图 6-16　由 JK 触发器组成的同步十进制加法计数器

6.2.3　集成计数器 74LS90、74LS160、74LS161、74LS162、74LS163

1. 异步二-五-十进制计数器 74LS90

图 6-17 是 74LS90 的逻辑符号图。其逻辑功能如表 6-7 所示。

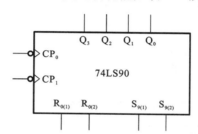

图 6-17　74LS90 的逻辑符号图

表 6-7　74LS90 的功能表

输　入						输　出			
CP_0	CP_1	$R_{0(1)}$	$R_{0(2)}$	$S_{9(1)}$	$S_{9(2)}$	Q_3	Q_2	Q_1	Q_0
$\times$	$\times$	1	1	0	$\times$	0	0	0	0
				$\times$	0				
$\times$	$\times$	0	$\times$	1	1	1	0	0	1
		$\times$	0						
$\downarrow$	$\times$	0	$\times$	0	$\times$	由 Q_0 输出,二进制计数器			
		$\times$	0	$\times$	0				
$\times$	$\downarrow$	0	$\times$	0	$\times$	由 $Q_3Q_2Q_1$ 输出,五进制计数器			
		$\times$	0	$\times$	0				
$\downarrow$	Q_0	0	$\times$	0	$\times$	由 $Q_3Q_2Q_1Q_0$ 输出,十进制计数器			
		$\times$	0	$\times$	0				

由表 6-7 可以看出 74LS90 具有如下功能。

(1) 异步置 0。当 $R_{0(1)} \cdot R_{0(2)} = 1$、$S_{9(1)} \cdot S_{9(2)} = 0$ 时,计数器置 0,即 $Q_3Q_2Q_1Q_0 = 0000$,与

时钟脉冲 CP 无关。

（2）异步置 9。当 $R_{0(1)} \cdot R_{0(2)} = 0$、$S_{9(1)} \cdot S_{9(2)} = 1$ 时，计数器置 9，即 $Q_3 Q_2 Q_1 Q_0 = 1001$，也与时钟脉冲 CP 无关。

（3）计数。当 $R_{0(1)} \cdot R_{0(2)} = 0$、$S_{9(1)} \cdot S_{9(2)} = 0$ 时，计数器工作于计数状态，有下列 3 种计数情况：

① 计数脉冲从 CP_0 端输入，由 Q_0 输出，则构成 1 位二进制计数器；

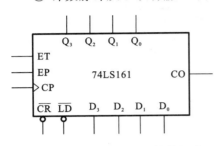

② 计数脉冲从 CP_1 端输入，由 $Q_3 Q_2 Q_1$ 输出，则构成异步五进制计数器；

③ 将 CP_1 与 Q_0 相连，计数脉冲从 CP_0 端输入，由 $Q_3 Q_2 Q_1 Q_0$ 输出，则构成异步十进制计数器。

2. 4 位同步二进制加法计数器 74LS161 和 74LS163

集成芯片 74LS161 是同步可预置 4 位二进制计数器，并具有异步清 0 功能。它的逻辑符号，如图 6-18 所示。图中：$\overline{\text{CR}}$ 是清 0 端；$\overline{\text{LD}}$ 是预置控制端；D_3、D_2、D_1、D_0

图 6-18　74LS161 的逻辑符号图

是预置数输入端；CP 是外部输入时钟；EP、ET 是使能端；Q_3、Q_2、Q_1、Q_0 是计数器的输出端；CO 是进位输出端。

74LS161 的功能表，如表 6-8 所示。

表 6-8　74LS161 的功能表

输　　　　入									输　　　出			
$\overline{\text{CR}}$	$\overline{\text{LD}}$	CP	EP	ET	D_3	D_2	D_1	D_0	Q_3	Q_2	Q_1	Q_0
0	×	×	×	×	×	×	×	×	0	0	0	0
1	0	↑	×	×	D_3	D_2	D_1	D_0	D_3	D_2	D_1	D_0
1	1	×	0	×	×	×	×	×	保持			
1	1	×	×	0	×	×	×	×	保持			
1	1	↑	1	1	×	×	×	×	计数			

其功能分述如下。

（1）异步清 0。

当异步清 0 端 $\overline{\text{CR}} = 0$ 时，不论电路处于何种工作状态，计数器状态被置为 0，即 $Q_3 Q_2 Q_1 Q_0 = 0000$。由于这种清 0 方式，不需要与 CP 同步就可完成，因此可称为异步清 0。正常工作时，$\overline{\text{CR}} = 1$。

（2）同步预置。

当预置控制端 $\overline{\text{LD}} = 0$ 且 $\overline{\text{CR}} = 1$ 时，在外部输入时钟脉冲 CP 的上升沿将 D_3、D_2、D_1、D_0 传送到输出端，即 $Q_3 Q_2 Q_1 Q_0 = D_3 D_2 D_1 D_0$。由于预置数需与时钟脉冲 CP 配合，因此称为同步预置。

（3）保持。

当 $\overline{\text{CR}} = \overline{\text{LD}} = 1$ 时，只要使能输入端 EP、ET 中有一个为 0，此时不论有无计数脉冲 CP 输入，计数器状态均保持不变。

（4）计数。

当$\overline{CR}=\overline{LD}=1$、$EP=ET=1$ 时，电路按自然二进制数递增规律计数。每当时钟脉冲 CP 的上升沿到来时，计数器状态就增 1，当计数器从 0000 计数到 1111 时，进位输出端 CO 输出高电平 1。

74LS163 与 74LS161 类似，主要区别是 74LS163 为同步清 0，即当$\overline{CR}=0$ 时，计数器并不立即清 0，还需要再输入一个计数脉冲 CP 才能被清 0。

3. 同步十进制加法计数器 74LS160 和 74LS162

集成芯片 74LS160 是同步可预置十进制计数器，并具有异步清 0 功能。它的逻辑符号，如图 6-19 所示。图中：$\overline{CR}$ 是清 0 端；$\overline{LD}$ 是预置控制端；D_3、D_2、D_1、D_0 是预置数输入端；CP 是外部输入时钟；EP、ET 是使能端；Q_3、Q_2、Q_1、Q_0 是计数器的输出端；CO 是进位输出端。

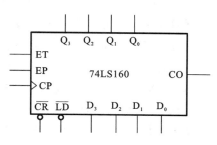

图 6-19　74LS160 的逻辑符号图

74LS160 的功能表，如表 6-9 所示。

表 6-9　74LS160 的功能表

输　　入									输　　出			
$\overline{CR}$	$\overline{LD}$	CP	EP	ET	D_3	D_2	D_1	D_0	Q_3	Q_2	Q_1	Q_0
0	×	×	×	×	×	×	×	×	0	0	0	0
1	0	↑	×	×	D_3	D_2	D_1	D_0	D_3	D_2	D_1	D_0
1	1	×	0	×	×	×	×	×	保持			
1	1	×	×	0	×	×	×	×	保持			
1	1	↑	1	1	×	×	×	×	计数			

其功能分述如下。

（1）异步清 0。

当异步清 0 端$\overline{CR}=0$ 时，不论电路处于何种工作状态，计数器状态被置为 0，即 $Q_3Q_2Q_1Q_0$ =0000。由于这种清 0 方式，不需要与 CP 同步就可完成，因此称为异步清 0。正常工作时，$\overline{CR}=1$。

（2）同步预置。

当预置控制端$\overline{LD}=0$ 且$\overline{CR}=1$ 时，在外部输入时钟脉冲 CP 的上升沿将 D_3、D_2、D_1、D_0 传送到输出端，即 $Q_3Q_2Q_1Q_0=D_3D_2D_1D_0$。由于预置数需与时钟脉冲 CP 配合，因此称为同步预置。

（3）保持。

当$\overline{CR}=\overline{LD}=1$ 时，只要使能输入端 EP、ET 中有一个为 0，此时不论有无计数脉冲 CP 输入，计数器状态均保持不变。

（4）计数。

当$\overline{CR}=\overline{LD}=1$、$EP=ET=1$ 时，电路按自然二进制数递增规律计数。每当时钟脉冲 CP 的上升沿到来时，计数器状态就增 1，当计数器从 0000 计数到 1001 时，进位输出端 CO 输出高电平 1。

74LS162 与 74LS160 类似,主要区别是 74LS162 为同步置 0,即当 $\overline{CR}=0$ 时,计数器并不立即置 0,还需要再输入一个计数脉冲 CP 才能被置 0。

4. 用集成计数器构成任意进制计数器

尽管集成计数器产品种类很多,也不可能做到任意进制的计数器都有其相应的产品。但是用一片或者几片集成计数器经过适当连接,就可以构成任意进制的计数器。

若一片集成计数器为 M 进制,欲构成的计数器为 N 进制,构成任意进制计数器的原则为:当 $M > N$ 时,只需用一片集成计数器即可;当 $M < N$ 时,则需要几片 M 进制集成计数器才可以构成 N 进制的计数器。

用集成计数器构成任意进制计数器,常用的方法有:反馈清 0 法、级联法和反馈置数法。下面以反馈清 0 法和级联法为主,介绍集成计数器构成任意进制计数器的方法。

1) 反馈清 0 法($M > N$)

基本思路:计数器从全 0 状态开始计数,计满 N 个状态后产生清 0 信号,使计数器恢复到初态。

例 6-3 用集成计数器 74LS90 构成七进制计数器。

解 图 6-20 所示为用 74LS90 构成七进制计数器的逻辑图。首先将 74LS90 连成十进制计数器,即 Q_0 与 CP_1 相连,由 CP_0 输入计数脉冲,$S_{9(1)}$ 和 $S_{9(2)}$ 中有一个为 0 即可。然后将 Q_2、Q_1、Q_0 分别接到与门的输入端,再将与门的输出端接到清 0 端 $R_{0(1)}$ 和 $R_{0(2)}$。计数器从 0000 状态开始计数,当第 7 个计数脉冲下降沿到来时,计数器的状态 $Q_3Q_2Q_1Q_0 = 0111$,与门输出为 1。此时 $R_{0(1)} = R_{0(2)} = 1$,使计数器清 0,即 $Q_3Q_2Q_1Q_0 = 0000$,完成一次七进制计数。

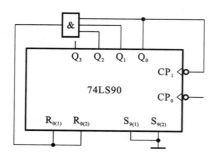

图 6-20 用 74LS90 构成七进制计数器

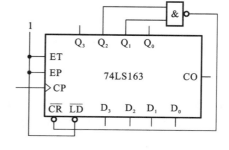

图 6-21 用 74LS163 构成的七进制计数器

例 6-4 用集成计数器 74LS163 构成七进制计数器。

解 图 6-21 所示为用 74LS163 构成七进制计数器的逻辑图。首先将 ET、EP 和 $\overline{LD}$ 接高电平,这是 74LS163 正常计数的条件。然后将 Q_2、Q_1 分别接到与非门的输入端,再将与非门的输出端接到同步清 0 端 $\overline{CR}$。计数器从 0000 状态开始计数,当第 6 个计数脉冲上升沿到来时,计数器的状态 $Q_3Q_2Q_1Q_0 = 0110$,与非门输出为 0,此时 $\overline{CR} = 0$,由于 $\overline{CR}$ 是同步清 0 端,因此计数器并不能立即清 0,而要再来一个脉冲上升沿,也就是第 7 个脉冲上升沿到来时才能使计数器清 0,从而实现了七进制计数。

2) 级联法($M < N$)

当 $M < N$ 时,需用两片或两片以上集成计数器才能连接成任意进制计数器,这时要用级

联法。下面以 74LS90 为例分三种情况讨论用级联法构成任意进制计数器的问题。

(1) 几片集成计数器级联。

图 6-22 所示的是用两片集成计数器 74LS90 级联构成五十进制计数器的逻辑图。74LS90(1)接成五进制计数器,74LS90(2)接成十进制计数器,级联后就是五十进制计数器。计数脉冲从 74LS90(2)输入,74LS90(2)的最高位 Q_3 接到 74LS90(1)的 CP_1 输入端,当输入第 9 个计数脉冲时,74LS90(2)的状态为 1001,74LS90(1)的状态为 0000;当输入第 10 个计数脉冲时,74LS90(2)的状态由 1001 变为 0000,此时,74LS90(2)的最高位 Q_3 由 1 变为 0,从而为 74LS90(1)提供计数脉冲,使 74LS90(1)的状态由 0000 变为 0001。

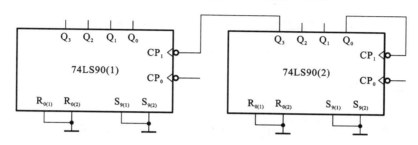

图 6-22　用 74LS90 级联构成五十进制计数器

采用这种级联法构成的计数器,其容量为几个计数器进制(或模)的乘积。用两片 74LS90 可以接成二十进制、二十五进制、五十进制和一百进制的计数器。

(2) 几片集成计数器级联后再反馈清 0。

用几片集成计数器级联后再进行反馈清 0,可以更灵活地组成任意进制的计数器。图 6-23 使用了两片 74LS90,每片都接成十进制计数器,当输入第 62 个计数脉冲时,74LS90(1)的状态为 0110,74LS90(2)的状态为 0010,此时 74LS90(1)和 74LS90(2)的 $R_{0(1)}$ 和 $R_{0(2)}$ 都为 1,计数器清 0。

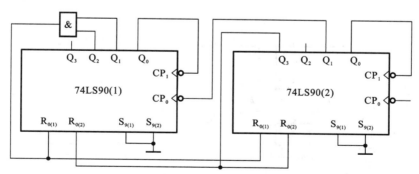

图 6-23　级联后再反馈清 0 构成的六十二进制计数器

(3) 每片集成计数器单独反馈清 0 后再进行级联。

当两片集成计数器进行级联时,用反馈清 0 法将一片集成计数器接成 N_1 进制的计数器,将另一片集成计数器接成 N_2 进制的计数器,然后两片集成计数器再进行级联,可得到 $N_1 \times N_2$ 进制的计数器。

图 6-24 中使用了两片 74LS90,计数脉冲从 74LS90(2)输入。74LS90(2)接成八进制计数

器,74LS90(1)接成六进制计数器。所以级联后的计数器是四十八进制的计数器。

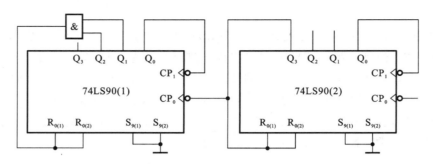

图 6-24　每片集成计数器单独反馈清 0 后再级联构成的四十八进制计数器

6.3　寄存器

在数字电路中,用来存放一组二进制数据或代码的电路称为寄存器。寄存器是由具有存储功能的触发器和门电路组合起来构成的。一个触发器可以存储 1 位二进制代码,存放 n 位二进制代码的寄存器,需用 n 个触发器来构成。按照功能的不同,寄存器分为数码寄存器(基本寄存器)和移位寄存器两大类。

6.3.1　数码寄存器

1. 双拍接收方式数码寄存器

图 6-25 是由基本 RS 触发器组成的 4 位双拍接收方式数码寄存器的逻辑电路图。其工作过程如下。

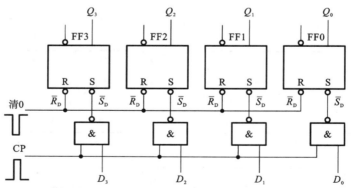

图 6-25　双拍接收方式数码寄存器

(1) 清 0,第一拍。

在接收数码之前,先在 $\overline{R}_D$ 端和 CP 端各加一个负脉冲,此时基本 RS 触发器复位,即 $Q_3Q_2Q_1Q_0=0000$,这一拍清除原有数码,以保证正确接收数码。

(2) 接收数码,第二拍。

清 0 工作完成之后,在 $\overline{R}_D$ 端和 CP 端都加上正脉冲,则 4 个与非门都打开,$D_3D_2D_1D_0$ 通过与非门进入寄存器保存起来。假设待存的数码是 $D_3D_2D_1D_0=1001$,FF3 触发器的 $\overline{R}_D=1$、$\overline{S}_D=0$,使 FF3 置 1,即 $Q_3=1$;FF2 触发器的 $\overline{R}_D=1$,$\overline{S}_D=1$,使 FF2 保持不变,即 $Q_2=0$。同理可得,$Q_1=0$、$Q_0=1$。由上述分析可见,第二拍是用来接收数据的。需要注意的是,在接收数码之前必须先清 0,若没有第一拍的清 0 信号,设寄存器原来存放的信号为 0110,此时要存入的数据是 $D_3D_2D_1D_0=1001$,因为 FF2 和 FF1 的状态保持不变,会出现错误的结果 1111。

2. 单拍接收方式数码寄存器

图 6-26 是 4 位单拍接收方式数码寄存器的逻辑电路图。它由 4 个上升沿 D 触发器组成,其数据输入和输出均采用并行方式,即各位寄存器的数据从相应输入端或输出端同时输入或输出。

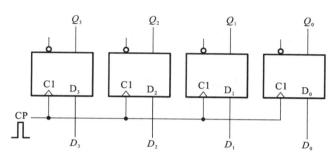

图 6-26　单拍接收方式数码寄存器

CP 是时钟脉冲信号。当时钟脉冲信号 CP 的上升沿到来时,输入端 $D_3\sim D_0$ 上的数据并行送入 4 个上升沿 D 触发器,而输出端 $Q_3\sim Q_0$ 的状态取决于对应触发器输入端的数据。在一个时钟脉冲上升沿到来以后,直到下一个时钟脉冲上升沿到来之前,各触发器输出端的状态均保持原态而不受输入状态的影响,因此,这种寄存器的输入端具有很强的抗干扰能力。

6.3.2　移位寄存器

移位寄存器是计算机及数字电路中的一个重要逻辑器件,它不仅具有存放数据的功能,而且还能在时钟信号控制下使寄存器的数据依次向左或向右移位。

1. 单向移位寄存器

图 6-27 所示为 D 触发器构成的 4 位单向移位寄存器的逻辑电路图。数据从左端输入,按时钟脉冲的工作节拍,依次右移到寄存器中,这种工作方式称为串行输入。同样,数据从一个输出端输出的方式称为串行输出。其工作过程如下。

首先寄存器清 0,令 $R=0$,这时寄存器的状态 $Q_3Q_2Q_1Q_0=0000$。

假设寄存的二进制数为 1011,当第 1 个移位脉冲(上升沿)到来时,数据的最高位 1 通过数据输入端送入到最低位触发器 FF0,Q_0 翻转为 1,相当于数据 1011 的最高位 1 右移进入寄存器,而其他触发器仍保持 0 态。

当第 2 个移位脉冲到来时,因触发器 FF1 的输入端有 $D_1=Q_0$,则 $Q_1=1$,即数据的最高位右移进入触发器 FF1,数据的次高位 0 通过 D_1 端送入到最低位触发器 FF0,Q_0 翻转为 0,而 FF2、FF3 仍保持 0 态。依次类推,经过 4 个移位脉冲后,数据全部存入寄存器,此时寄存器的状态为 $Q_3Q_2Q_1Q_0=1011$。由此可列出寄存器的状态表,如表 6-10 所示。

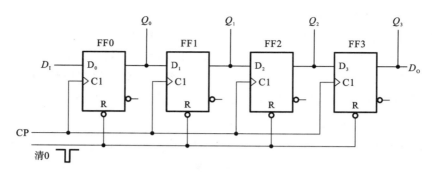

图 6-27 D 触发器构成的右移移位寄存器

如果再输入 4 个移位脉冲,则寄存器所存放的 1011 将逐位从 Q_3 端串行输出,或者在寄存器状态为 1011 时,从 4 个输出端 Q_3、Q_2、Q_1、Q_0 直接得到并行的输出数据,可见,该移位寄存器可工作在串行或并行数据输出方式。

表 6-10 D 触发器构成的右移移位寄存器的状态表

移位脉冲数	寄存器的状态				移位过程
	Q_3	Q_2	Q_1	Q_0	
0	0	0	0	0	清 0
1	0	0	0	1	右移一位
2	0	0	1	0	右移二位
3	0	1	0	1	右移三位
4	1	0	1	1	右移四位

2. 双向移位寄存器

双向移位寄存器是既可以左移又可以右移的移位寄存器,其典型代表是 4 位双向移位寄存器定型产品 74LS194,74LS194 的工作原理及逻辑功能将在下一节详细讲述。

6.3.3 集成寄存器 74LS175、74LS194

1. 集成寄存器 74LS175

集成寄存器 74LS175 是由 D 触发器组成的 4 位基本寄存器,其逻辑符号如图 6-28 所示,其功能表如表 6-11 所示。

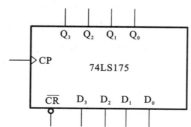

图 6-28 74LS175 的逻辑符号

表 6-11　集成寄存器 74LS175 的功能表

输 入						输 出			
$\overline{CR}$	CP	D_3	D_2	D_1	D_0	Q_3	Q_2	Q_1	Q_0
0	×	×	×	×	×	0	0	0	0
1	↑	D_3	D_2	D_1	D_0	D_3	D_2	D_1	D_0
1	1	×	×	×	×	保持			
1	0	×	×	×	×	保持			

从表 6-11 可以看出,74LS175 的功能如下。

(1) 异步清 0。

当清 0 输入端 $\overline{CR}$ 为 0 时,它的各输出端均输出 0,且不需与 CP 同步。在其他工作方式下,$\overline{CR}$ 应为 1。

(2) 并行工作方式。

当 $\overline{CR}=1$ 且时钟脉冲 CP 到来时,寄存器工作在并行输入方式,将并行输入数据 $D_3D_2D_1D_0$ 送到输出端。

(3) 保持。

当 $\overline{CR}=1$,但时钟脉冲 CP 没有到来时,寄存器保持原有的状态。

2. 集成寄存器 74LS194

74LS194 是 4 位双向移位寄存器,也是一种常用的中规模集成时序逻辑器件。

74LS194 寄存器的逻辑符号,如图 6-29 所示。图中:$\overline{CR}$ 是异步清 0 端;CP 是移位脉冲输入端;S_1、S_0 是控制方式选择端;D_R 是右移串行输入数据端;D_L 是左移串行输入数据端;D_3、D_2、D_1、D_0 是并行输入数据端;Q_3、Q_2、Q_1、Q_0 是并行输出数据端;Q_0 是右移串行输出端;Q_3 是左移串行输出端。

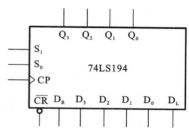

图 6-29　74LS194 的逻辑符号

74LS194 的功能表如表 6-12 所示,下面分别加以介绍其功能。

表 6-12　4 位双向移位寄存器 74LS194 的功能表

清 0	时钟	控制信号		串行输入		并 行 输 入				输　　出				工作模式
$\overline{CR}$	CP	S_1	S_0	D_R	D_L	D_3	D_2	D_1	D_0	Q_3	Q_2	Q_1	Q_0	
0	×	×	×	×	×	×	×	×	×	0	0	0	0	清 0
1	非上升沿	×	×	×	×	×	×	×	×	Q_3^n	Q_2^n	Q_1^n	Q_0^n	静态保持
1	↑	0	0	×	×	×	×	×	×	Q_3^n	Q_2^n	Q_1^n	Q_0^n	动态保持
1	↑	0	1	D_R	×	×	×	×	×	D_R	Q_3^n	Q_2^n	Q_1^n	右移
1	↑	1	0	×	D_L	×	×	×	×	Q_2^n	Q_1^n	Q_0^n	D_L	左移
1	↑	1	1	×	×	D_3	D_2	D_1	D_0	D_3	D_2	D_1	D_0	置数

(1) 异步清 0。

当清 0 输入端 $\overline{CR}$ 为 0 时,它的各输出端均输出 0,且不需与 CP 同步。在其他工作方式下, $\overline{CR}$ 应为 1。

（2）静态保持。

当移位脉冲 CP 没有到来时，寄存器保持原有的状态，又称为静态保持。

（3）置数方式。

当控制方式选择端 $S_1S_0=11$ 时，寄存器工作在置数方式，并行输入数据 $D_3D_2D_1D_0$ 在时钟脉冲上升沿到来时，输送到输出端。

（4）右移工作方式。

当控制方式选择端 $S_1S_0=01$ 时，寄存器工作在右移输入方式，当移位脉冲上升沿到来时，右移输入数据 D_R 被送至输出端，寄存器的其他数据右移一位，完成右移操作，即 $Q_3Q_2Q_1Q_0$ $=D_RQ_3Q_2Q_1$。

（5）左移工作方式。

当控制方式选择端 $S_1S_0=10$ 时，寄存器工作在左移输入方式，当移位脉冲上升沿到来时，左移输入数据 D_L 被送至输出端，完成左移操作，即 $Q_3Q_2Q_1Q_0=Q_2Q_1Q_0D_L$。

（6）动态保持方式。

当控制方式选择端 $S_1S_0=00$ 时，即使有移位脉冲上升沿到来，寄存器仍保持原有状态不变，这就是寄存器的动态保持。

由上述分析可知，74LS194 寄存器具有清 0、静态保持、并行输入、右移串行输入、左移串行输入，以及动态保持等功能。

习　题　6

6-1　试分析图 6-30 所示的时序电路。

6-2　试分析图 6-31 所示的时序电路。

6-3　试分析图 6-32 所示的时序电路。

6-4　试分析图 6-33 所示的时序电路。

6-5　试分析图 6-34 所示电路是几进制的计数器。

6-6　试分析图 6-35 所示电路是几进制的计数器。

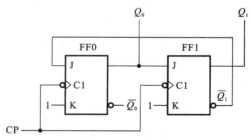

图 6-30　题 6-1 图

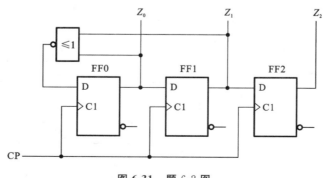

图 6-31　题 6-2 图

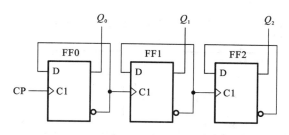

图 6-32 题 6-3 图

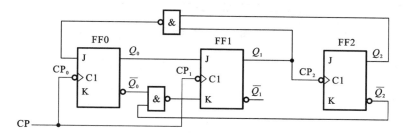

图 6-33 题 6-4 图

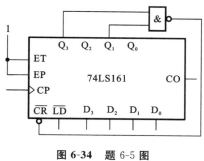

图 6-34 题 6-5 图

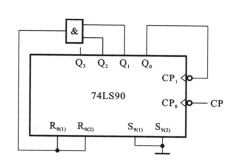

图 6-35 题 6-6 图

6-7 试分析图 6-36 所示电路是几进制的计数器。

6-8 试分析图 6-37 所示电路是几进制的计数器。

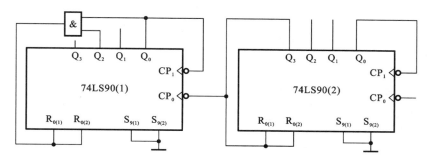

图 6-36 题 6-7 图

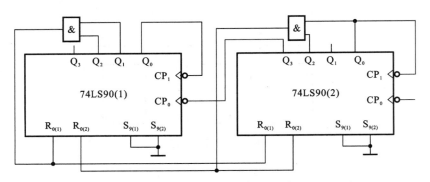

图 6-37 题 6-8 图

第7章 脉冲波形的产生和整形

数字电路或系统中,常常需要各种脉冲波形,如矩形波、三角波、锯齿波等。这些脉冲波形的获取通常采用两种方法:一是利用脉冲信号产生器直接产生;二是对已有的信号进行适当变换,产生能为系统所用的脉冲波形。

本章主要讨论几种脉冲信号产生器及脉冲变换的基本电路,如多谐振荡器、施密特触发器、单稳态触发器及 555 定时器等,并对它们的功能、特点及其主要应用作简要的介绍。

7.1 多谐振荡器

7.1.1 多谐振荡器电路原理

多谐振荡器是一种自激振荡电路,电路接通电源后能自动产生具有一定振幅且频率固定的方波或矩形脉冲,它经常被用作系统的时钟脉冲或同步脉冲。多谐振荡器在工作过程中无稳定状态,也称为无稳态电路。多谐振荡器一般由两级门电路组成,电路组成形式各异,但具有以下共同特点。

(1) 电路中含有诸如门电路、电压比较器和晶体三极管等开关器件,其作用是产生高、低电平。

(2) 正反馈网络将输出电压反馈到开关器件的输入端,使之改变输出的状态。

(3) 延迟环节主要利用 RC 电路的充放电特点来实现延时,并产生所需要的振荡频率。

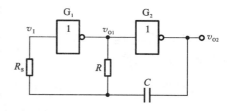

图 7-1 CMOS 门构成的多谐振荡器

实际应用中,反馈网络还兼具延时作用。由两个非门构成的多谐振荡器,如图 7-1 所示。其电路原理图和工作波形图分别如图 7-2(a)、图 7-2(b)所示。电路的工作原理如下。

设电路在 $t=0$ 时接通电源,电容 C 尚未充电。且非门的门坎电平,即开门、关门电平为

$$V_{TH} = \frac{V_{DD}}{2}$$

(1) 第一暂稳态。

初始状态为 $v_1=0$,G_1 截止,G_2 导通。且有 $v_{O1}=1$、$v_{O2}=0$,此为第一暂稳态。v_{O1} 的高电

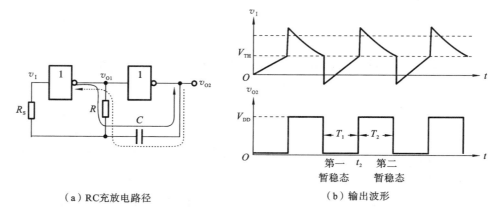

（a）RC充放电路径　　　　　　（b）输出波形

图 7-2　多谐振荡器电路原理图和工作波形图

平经 R 向 C 充电，充电路径如图 7-2(a)中的实线所示。随着充电时间的增加，电容器上的电压上升，经 R_S 耦合导致 v_I 增加。当 v_I 达到 V_{TH} 时，电路发生以下正反馈过程：

$$v_I \uparrow \longrightarrow v_{O1} \downarrow \longrightarrow v_{O2} \uparrow$$

这一正反馈过程瞬间完成，使 G_1 导通、G_2 截止，且有 $v_{O1}=0$、$v_{O2}=1$，电路进入第二暂稳态。

（2）第二暂稳态。

在进入第二暂稳态的瞬间，v_{O2} 从 0 跳变到 1，电容两端电压不能突变，v_I 也跟着跳变到一高电平值，G_1 维持导通，$v_{O1}=0$。因电容电压为高电平，故电容 C 经 R 放电，放电路径如图7-2(a)中的点线所示。随着放电时间的增加，电容器上的电压下降，经 R_S 耦合导致 v_I 下降。当 v_I 降至 V_{TH} 时，电路又发生以下正反馈过程：

$$v_I \downarrow \longrightarrow v_{O1} \uparrow \longrightarrow v_{O2} \downarrow$$

从而使 G_1 迅速截止，G_2 迅速导通。电路迅速回到第一暂稳态，并有 $v_{O1}=1$、$v_{O2}=0$。此后电路重复以上过程，周而复始地从一个暂稳态翻转到另一个暂稳态，在 G_2 的输出端得到周期性的方波（见图 7-2(b)）。

综上所述，电路中的 RC 网络兼具正反馈网络和延时作用。显然，改变 R、C 参数的大小可以改变方波的振荡周期，即振荡频率。电路中 R_S 称为补偿电阻，它可减小电源电压变化对振荡频率的影响，一般取 $R_S=10R\left(\text{当 } V_{TH}=\dfrac{V_{DD}}{2} \text{时}\right)$。

由电路分析理论，经计算可知方波的周期为

$$T=T_1+T_2=RC\ln 4\approx 1.4RC \tag{7-1}$$

7.1.2　石英晶体振荡器

上述多谐振荡器的振荡频率受门坎电平 V_{TH}（也称阈值电压）的影响较大，而 V_{TH} 容易受温度、电源电压及外部干扰的影响，因此多谐振荡器的频率稳定性较低，在对频率稳定性要求较高的场合不能使用。

由石英晶体组成的石英晶体振荡器可以获得频率稳定性很高的方波信号。石英晶体的电路符号,如图 7-3(a)所示。一般来说,石英晶体有一个极为稳定的串联谐振频率 f_s(其值仅取决于晶体的切割形状),且等效品质因数 Q 的值很高。石英晶体的阻抗频率特性曲线,如图 7-3(b)所示。由图可知,石英晶体具有非常好的选频特性。将其串入交流电路中时,只有频率为 f_s 的信号容易通过,而其他频率的信号均会被石英晶体所衰减。利用此特点,将石英晶体作为上述多谐振荡器的反馈网络,所构成的振荡器称为石英晶体振荡器,它可以产生频率稳定性很高的的振荡信号,即高频率稳定性的方波信号,它多用于产生微型计算机的时钟脉冲等对频率稳定性要求较高的场合。

石英晶体振荡器电路,如图 7-4 所示。图中 R 并联在反向器 G_1、G_2 的输入、输出端,使 G_1、G_2 工作于线性放大区。电容 C_1 起前后级间的耦合作用,而 C_2 则起抑制高次谐波的作用,以保证稳定的频率输出。一般来说,对 TTL 门电路,R 的值通常取 $0.7 \sim 2$ kΩ;对于 CMOS 门,R 的值通常在 $10 \sim 100$ MΩ。C_1 的选择应使对于 f_s 而言构成交流通路。C_2 的选择应满足 $2\pi R C_2 f_s \approx 1$,使得 $R C_2$ 并联网络在 f_s 处呈最大阻抗以减少谐振信号损失。

图 7-4 所示电路的振荡频率仅取决于石英晶体的串联谐振频率 f_s,与 R、C 的取值无关。这是因为电路对 f_s 频率所形成的正反馈最强,容易起振并维持该频率的振荡。为了改善输出波形,提高电路带负载能力,通常在振荡器的输出端再加一反向器来输出振荡信号。

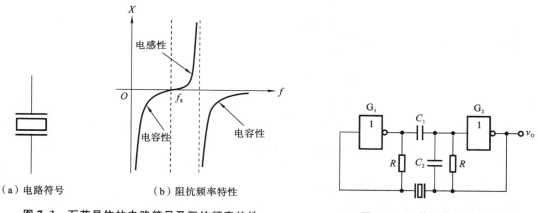

（a）电路符号　　　　　　（b）阻抗频率特性

图 7-3　石英晶体的电路符号及阻抗频率特性　　　　　**图 7-4　石英晶体振荡器电路**

因为多谐振荡器在工作过程中无稳定状态,有时也称为无稳态电路。

7.2　单稳态触发器

单稳态触发器被广泛应用于数字技术中的脉冲波形的变换、整形和延时,它具有以下特点。

(1) 电路有一个稳态和一个暂稳态。

(2) 在外来触发脉冲作用下,电路由稳态翻转到暂稳态。

(3) 暂稳态是一个不能长久保持的状态,经过一段时间延迟后,电路会自动返回到稳态。暂稳态的延迟时间取决于延时网络 RC 的参数值。

单稳态触发器根据其延时网络的结构不同,可分为微分型单稳态触发器和积分型单稳态触发器两大类。以下仅重点讨论微分型单稳态触发器。

7.2.1 微分型单稳态触发器

1. 电路工作原理

微分型单稳态触发器一般由门电路组成。通常用两个 CMOS 或者 TTL 的与非门或者或非门构成。由两个 CMOS 或非门构成的微分型单稳态触发器,如图 7-5 所示。由图可见,构成单稳态触发器的两个或非门是由 R、C 耦合的,因为 RC 电路构成了微分电路形式,所以称

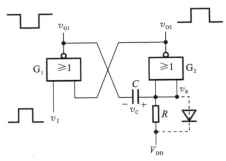

图 7-5 由或非门构成的微分型单稳态触发器

之为微分型单稳态触发器。其工作原理如下。

(1) 没触发信号时,电路处于稳态。

设初始状态为 v_1 低电平,$V_{TH}=\dfrac{V_{DD}}{2}$。没触发信号时,v_1 为低电平。G_2 的输入端经 R 接 V_{DD},G_2 的输出 v_{O2} 为低电平 0。G_1 的两个输入端均为 0,G_1 的输出电压 v_{O1} 为高电平 1。电容两端电压 $v_C=0$。电路处于稳态且 $v_{O1}=1$、$v_{O2}=0$。

(2) 外加触发信号,电路从稳态翻转到暂稳态。

在 $t=t_1$ 瞬间,v_1 从 0 跳变到 1 时,G_1 的输出 v_{O1} 从 1 跳变到 0。电容两端电压不能突变,v_R 变为低电平,G_2 的输出 v_{O2} 从 0 跳变到 1,v_{O2} 的高电平接至 G_1 的输入端,在此瞬间产生如下正反馈过程:

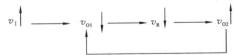

于是 G_1 导通、G_2 截止。电路状态为:$v_{O1}=0$、$v_{O2}=1$。此时,即使撤除触发信号($v_1=0$),由于 $v_{O2}=1$,v_{O1} 仍维持为低电平。需要注意的是,随着电容 C 的充放电过程,这种状态不能维持长久,称之为暂稳态。

(3) 电容 C 充电,电路由暂稳态自动返回到稳态。

暂稳态时,因为 $v_{O1}=0$,电源 V_{DD} 经电阻 R 向电容 C 充电,充电路径为 $V_{DD}\rightarrow R\rightarrow C\rightarrow v_{O1}$,随着充电时间的增加,电容电压 v_C 将增加,v_R 也随之增加。当 v_R 达到阈值电压 V_{TH} 时(t_2 时刻),电路产生如下正反馈过程(设此时触发脉冲已消失):

于是 G_1 门很快截止,G_2 门迅速导通。电路由暂稳态返回到稳态:$v_{O1}=1$、$v_{O2}=0$、$v_C=V_{DD}+V_{TH}$。

暂稳态结束后,电容通过 R 放电,使 v_C 恢复到稳态时的初值,电路恢复原态。整个过程中,电路各点工作波形,如图 7-6 所示。

经计算,微分型单稳态触发器的输出脉冲宽度 $t_W\approx 0.7RC$。由以上分析可知,触发脉冲的宽度一定要小于 t_W,否则过程(3)中的正反馈过程不能发生,电路不能回到稳态。其次,触发脉冲的周期要大于 t_W 与电容放电时间常数之和。一次触发只能产生一个脉冲输出,且输出

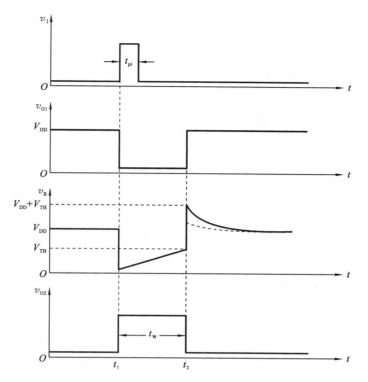

图 7-6 微分型单稳态触发器各点工作波形

脉冲宽度仅与 RC 的参数值有关。

2. 电路的改进

综上所述,单稳态触发器的输入触发脉冲宽度 t_{pi} 必须小于输出脉冲宽度 t_w。而尖脉冲的宽度最窄,所以电路改进措施之一就是在输入端加入 R_d、C_d 组成的微分电路(见图 7-7)。当触发脉冲宽度 t_{pi} 大于 t_w 时,保证了输入脉冲宽度小于 t_w。

由于 TTL 门组成的单稳态电路存在输入电流,为了保证稳态时 G_2 输入为低电平,电阻 R 的取值应小于

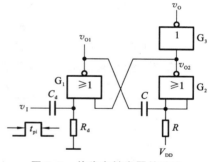

图 7-7 单稳态触发器的改进

0.7 kΩ。同时,R_d 的数值应大于 2 kΩ。CMOS 门由于不存在输入电流,可不受此限制。

为改善电路的输出波形和提高带负载的能力,可在输出端加一反向器 G_3,如图 7-7 所示。

7.2.2 集成单稳态触发器

现代数字系统中,广泛使用集成电路的单稳态触发器。集成单稳态触发器按其电路的结构和工作状态不同又分为可重复触发的集成单稳态触发器和不可重复触发的集成单稳态触发器,以下分别予以介绍。

1. 不可重复触发的集成单稳态触发器

不可重复触发的集成单稳态触发器在进入暂稳态期间,如有下一个触发脉冲作用,则电路的工作过程不受其影响。仅当电路的暂稳态结束后,输入触发脉冲才会引起电路翻转。且电

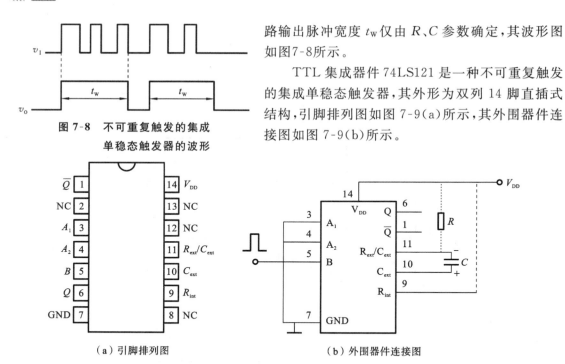

图 7-8　不可重复触发的集成
单稳态触发器的波形

路输出脉冲宽度 t_w 仅由 R、C 参数确定,其波形图如图7-8所示。

TTL 集成器件 74LS121 是一种不可重复触发的集成单稳态触发器,其外形为双列 14 脚直插式结构,引脚排列图如图 7-9(a)所示,其外围器件连接图如图 7-9(b)所示。

（a）引脚排列图　　　　　　　（b）外围器件连接图

图 7-9　集成器件 74LS121 的引脚排列图及外围器件连接图

74LS121 的功能表如表 7-1 所示。由表得知,74LS121 有 3 个触发输入端 A_1、A_2 和 B。当:

(1) A_1、A_2 两个输入有一个或两个为低电平,而 B 发生由 0 到 1 的正跳变"↑"时,电路发生翻转,输出由稳态变为暂稳态,输出脉冲宽度为 t_w 的方波。

(2) B 和 A_1、A_2 中的一个为高电平,而输入中,有一个或两个产生由 1 到 0 的负跳变"↓"时,电路发生翻转,输出由稳态变为暂稳态,输出脉冲宽度为 t_w 的方波。

表 7-1　74LS121 的功能表

输　　入			输　　出	
A_1	A_2	B	Q	$\bar{Q}$
0	×	1	0	1
×	0	1	0	1
×	×	0	0	1
1	1	×	0	1
1	↓	1	 ⊓	 ⊔
↓	1	1	 ⊓	 ⊔
↓	↓	1	 ⊓	 ⊔
0	×	↑	 ⊓	 ⊔
×	0	↑	 ⊓	 ⊔

74LS121 主要用作定时器。用作定时器时,定时电容 C 接在 10 脚(C_{ext})和 11 脚(R_{ext}/C_{ext})之间。若定时电容采用电解电容,其正极接 10 脚(C_{ext})。

关于定时电阻 R,使用者可以这样选择:

① 若使用片内电阻(阻值为 2 kΩ),应将 9 脚(R_{int})接 14 脚(V_{DD}),如图 7-9(b)中虚线所示;② 若采用外接电阻(阻值在 1.4～40 kΩ),此时 9 脚悬空,电阻接在 11 脚(R_{ext}/C_{ext})和 14 脚(V_{DD})之间,如图 7-9(b)中点线所示。

74LS121 的输出脉冲宽度为

$$t_{w}=0.7RC \tag{7-2}$$

通常 R 取值在 2～30 kΩ,C 取值在 10 μF～10 F。t_w 的范围为 20～200 ms。若想获得较宽的输出脉冲,一般使用外接电阻为宜。

2. 可重复触发的集成单稳态触发器

CMOS 集成电路 54/74HC4538 是常用的双可重复触发的集成单稳态触发器。片中集成两个可重复触发的集成单稳态触发器,分别用前缀 1、2 区别。其外形为双列 16 脚直插式结构,其引脚排列图如图 7-10(a)所示,单个单稳态触发器的外围器件连接图如图 7-10(b)。

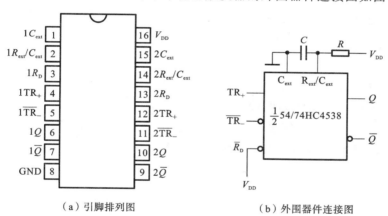

（a）引脚排列图　　　　（b）外围器件连接图

图 7-10　集成电路 54/74HC4538 的引脚排列图及外围器件连接图

54/74HC4538 的功能表如表 7-2 所示。由表可知,$\overline{R}_D$ 为复位清 0 端,当它为低电平时,输出为 0(清 0),反之电路工作。当 $\overline{R}_D=1$ 时,有

表 7-2　54/74HC4538 的功能表

$\overline{R}_D$	TR$_+$	$\overline{TR}_-$	Q	$\overline{Q}$	功　能
0	×	×	0	1	清 0
1	↑	1	⊓	⊔	单稳
1	0	↓	⊓	⊔	单稳
1	1	×	0	1	稳态
1	×	0	0	1	稳态

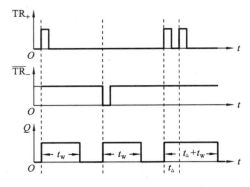

图 7-11 54/74HC4538 的工作波形

(1) $TR_+ = 1$ 或 $\overline{TR_-} = 0$ 时,电路处于稳态;

(2) $\overline{TR_-} = 1$ 时,TR_+ 输入触发脉冲的上升沿使电路翻转;

(3) $TR_+ = 0$ 时,$\overline{TR_-}$ 输入触发脉冲的下降沿使电路翻转。

可重复触发的集成单稳态触发器的特点为:在暂稳态期间,如果有下一个触发脉冲作用,则电路会重新触发,使暂稳态继续延迟一个 $t_\triangle$ 时间,直至触发脉冲的间隔超过单稳态输出脉冲宽度,电路才返回稳态。将 54/74HC4538 按图 7-10(b)所示的连接图进行连接,分别在 TR_+ 和 $\overline{TR_-}$ 输入正、负触发脉冲,所得工作波形如图 7-11 所示。由图可见,当 TR_+ 连续输入两个触发脉冲时,输出脉冲宽度变宽(等于 $t_W + t_\triangle$)。

7.2.3 单稳态触发器的应用

集成单稳态触发器以稳定性好、脉宽调节范围大、触发方式多样且功耗低而广泛应用在数字系统中。其典型应用如下。

1. 定时

利用单稳态触发器能输出宽度为 t_W 脉冲的特点,如果将其作为定时信号去控制某电路,可使其在 t_W 时间内动作(或不动作),此为定时器。例如,利用单稳态输出的矩形脉冲作为与门输入控制信号(见图 7-12),则仅在矩形脉冲 t_W 的时间内,信号 v_A 才能通过与门。定时器电路经常使用在数字频率计和数字电压表等数字仪表中。

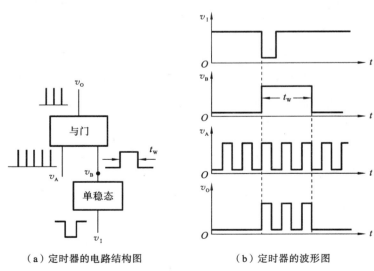

（a）定时器的电路结构图　　　（b）定时器的波形图

图 7-12 单稳态触发器作定时器的应用

2. 延时

单稳态触发器的延时作用不难从图 7-6 所示微分型单稳态触发器的工作波形中看出。图

7-6 中输出信号 v_{O1} 的上升沿相对于输入信号 v_1 的上升沿延迟了一段 t_W 时间。单稳态触发器的延时作用通常由时序控制。

3. 多谐振荡器

用两个单稳态触发器可以构成多谐振荡器。由两片 74LS121 集成单稳态触发器构成的多谐振荡器,如图 7-13 所示。图中开关 S 为振荡器的控制开关。

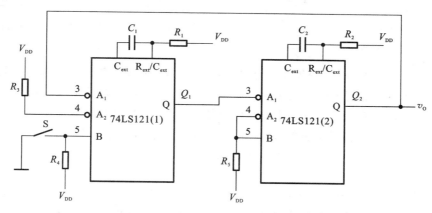

图 7-13 由单稳态触发器构成的多谐振荡器

设开关 S 闭合时,电路的初态为 $Q_1=0$、$Q_2=0$。电路振荡过程:起始时,74LS121(1)的 A_1 为低电平,开关 S 闭合的瞬间,B 端产生正跳变,74LS121(1)被触发,Q_1 输出正脉冲,其脉冲宽度为 $0.7R_1C_1$,当 74LS121(1)暂稳态结束时,Q_1 的下降沿触发 74LS121(2),Q_2 输出正脉冲,此后 Q_2 的下降沿又触发 74LS121(1),如此周而复始产生振荡,其振荡周期为

$$T=0.7(R_1C_1+R_2C_2) \tag{7-3}$$

7.3 施密特触发器

7.3.1 施密特触发器的电路组成和工作原理

施密特触发器是脉冲波形变换中经常使用的一种电路,它在性能上有以下两个重要的特点。

(1) 施密特触发器属于电平触发。即使输入慢变的触发信号,当输入电平达到某一电压值时,输出电压也会发生突变。

(2) 对于正向和负向增长的输入信号,电路具有如图 7-14 所示的滞后电压传输特性。由图可见,电路改变状态时,有两个阈值电压 V_{T+} 和 V_{T-}。

利用这两个特点不仅能将边沿变化缓慢的信号波形整形为边沿陡峭的矩形波,而且可以将叠加在矩形脉冲高、低电平上的噪声有效清除。由两个 CMOS 非门组成的施密特触发器及电路符号分别如图 7-15(a)、图 7-15(b)所示。

在低频模拟电路中,我们曾经讨论过迟滞电压比较器,它其实是一种由集成运放构成的施密特触发器。数字电路中的施密特触发器与其有异曲同工之处。

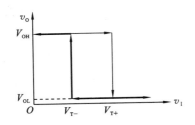

图 7-14 施密特触发器的
电压传输特性

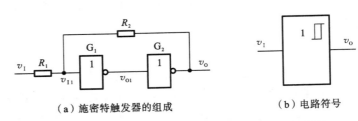

（a）施密特触发器的组成　　　　（b）电路符号

图 7-15　CMOS 非门组成的施密特触发器及电路符号

由图 7-15(a)可知，两个 CMOS 非门串接，分压电阻 R_1、R_2 将输出电压反馈到输入端并对电路产生影响。设非门的阈值电压 $V_{TH} = V_{DD}/2$ 且 $R_1 < R_2$。以下就输入信号 v_I 为三角波来分析电路的工作过程。与分析迟滞电压比较器相似，可使用叠加原理来分析此电路。不难看出，G_1 的输入电压 v_{I1} 由两部分构成，分别是 v_I 和 v_O 经电阻 R_1、R_2 分压后的叠加，即

$$v_{I1} = \frac{R_2}{R_1 + R_2} v_I + \frac{R_1}{R_1 + R_2} v_O \tag{7-4}$$

设初态为：当 $v_I = 0$ 时，G_1 截止，G_2 导通，$v_O = 0$，$v_{I1} = 0$。

随着输入电压 v_I 从 0 逐渐增加，只要 $v_{I1} < V_{TH}$，G_1、G_2 状态不变，仍有 $v_O = 0$。

当 v_I 上升到使得 $v_{I1} = V_{TH}$ 的瞬间，电路产生以下正反馈：

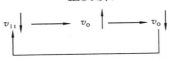

电路发生翻转，使 $v_O = 1$，施密特触发器的工作波形如图 7-16 所示，此时的 v_I 值称为施密特触发器的正向阈值电压 V_{T+}，有

$$v_{I1} \approx V_{TH} = \frac{R_2}{R_1 + R_2} V_{T+} \tag{7-5}$$

从而得到正向阈值电压为

$$V_{T+} \approx \left(1 + \frac{R_1}{R_2}\right) V_{TH} \tag{7-6}$$

当 v_I 继续增加到顶点，然后从最大值逐渐下降时，只要 $v_{I1} > V_{TH}$，电路仍维持 $v_O = 1$ 不变。

一旦 v_I 降到使得 $v_{I1} = V_{TH}$ 时，电路产生以下正反馈：

图 7-16　施密特触发器的工作波形

电路迅速转换为 $v_O = 0$ 的状态，如图 7-16 所示。此时的 v_I 值称为施密特触发器的负向阈值电压 V_{T-}，有

$$v_{I1} \approx V_{TH} = \frac{R_2}{R_1 + R_2} V_{T-} + \frac{R_1}{R_1 + R_2} V_{DD} \tag{7-7}$$

将 $V_{TH} = \dfrac{V_{DD}}{2}$ 代入式(7-7)可得

$$V_{T-} = \left(1 - \frac{R_1}{R_2}\right)V_{TH} \tag{7-8}$$

只要满足 $v_1 < V_{T-}$，施密特触发器就处于稳定状态 $v_O = 0$。

由式(7-6)、式(7-8)可得电路回差电压为

$$\Delta V_T = V_{T+} - V_{T-} \approx 2\frac{R_1}{R_2}V_{TH} \tag{7-9}$$

上式表明，电路回差电压比例于 $\frac{R_1}{R_2}$，改变 R_1、R_2 的比值可调节回差电压的大小，从而可改变输出脉冲的宽度。

7.3.2　集成施密特触发器及其应用

近年来广泛使用性能稳定的集成施密特触发器。以下介绍常用的 CMOS 集成施密特触发器 CD40106。图 7-17(a)为 40106 六施密特触发器的逻辑符号图(注意输出端的小圆圈"o")，图 7-17(b)表示其在不同电源电压下的传输特性。由于一片集成电路里集成了六个施密特触发器，给使用者带来了极大的方便。

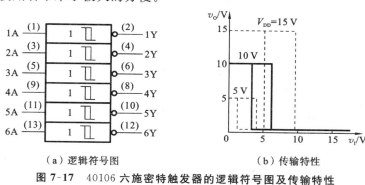

（a）逻辑符号图　　　　　（b）传输特性

图 7-17　40106 六施密特触发器的逻辑符号图及传输特性

集成施密特触发器的主要应用如下。

1. 波形的变换和整形

前面在讨论施密特触发器工作原理时，已得知施密特触发器能将输入的三角波变换成矩形波。同理，施密特触发器也能将任意缓慢变化的输入波形变成矩形波，只要满足相应的条件即可，例如只要某时刻 $v_1 \geqslant V_{T+}$，而下一时刻 $v_1 \leqslant V_{T-}$ 即可。

一般来说，由测量装置送出的信号，可能是不规则的波形，必须经施密特触发器整形。例如某电机的光电测速系统在检测电机转速时，可采用图 7-18(a)所示的光电测量电路。当电机转动时，同轴的转盘在发光二极管与接收三极管 VT 间转动。转盘转动时，在接收三极管 VT 的集电极产生如图 7-18(b)中 P_1 所示波形，可实现测速。但该波形不是规则的矩形波，不利于计数器计数。如果在接收三极管 VT 的集电极加接一施密特触发器，如图 7-18(a)所示。适当选择回差电压 ΔV_T，即适当的 V_{T+} 和 V_{T-}。则根据施密特触发器的工作特点，在输出端 P_2 可获得规则的矩形波输出，如图 7-18(b)所示。此外，施密特触发器的接入还能提高电路的带负载能力。

2. 消除噪声和抗干扰

根据施密特触发器的工作特点，仅当输入电压 v_1 大于 V_{T+} 和小于 V_{T-} 时，电路改变状态。

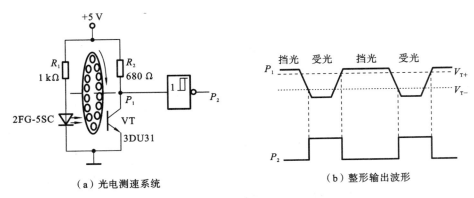

（a）光电测速系统　　　　　　　　（b）整形输出波形

图 7-18　光电测速系统中施密特触发器的整形作用

因此适当选择回差电压 ΔV_T，还可以抗干扰和除去电路中混入的噪声。例如某矩形脉冲（见图 7-19(c)）顶部受干扰后，波形如图 7-19(a)所示。若施密特触发器设计的回差电压 ΔV_{T1} 较小，输出将出现如图 7-19(b)所示的波形，顶部干扰造成了不良影响。若加大回差电压 ΔV_{T2}，则可以获得如图 7-19(c)所示的波形，大大提高了电路的抗干扰能力。同样的电路也可用于除去电路中混入的噪声（脉冲顶部干扰也可以认为是一种噪声）。

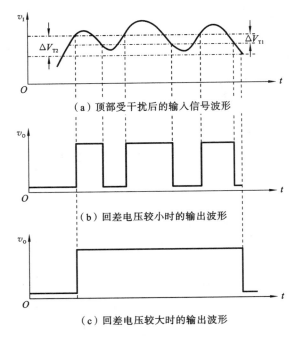

（a）顶部受干扰后的输入信号波形

（b）回差电压较小时的输出波形

（c）回差电压较大时的输出波形

图 7-19　利用回差电压抗干扰

3. 幅度鉴别

利用施密特触发器仅当输入电压 v_I 大于 V_{T+} 和小于 V_{T-} 时，电路状态改变这一特点，可以构成脉冲幅度鉴别器。例如 v_I 为一串幅度不等的脉冲（见图 7-20），若将施密特触发器的 V_{T+} 调整到某个需要的幅度 V_{TH}，于是大于 V_{TH} 的脉冲可以使施密特触发器翻转，输出一个脉冲；而对小于 V_{TH} 的脉冲，电路无输出，从而达到脉冲幅度鉴别的目的。

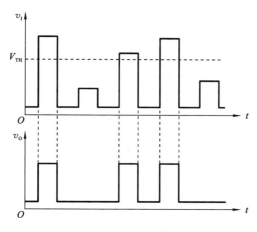

图 7-20 脉冲幅度鉴别器

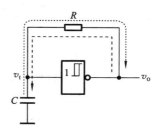

图 7-21 用施密特触发器构成的多谐振荡器

4. 多谐振荡器

用施密特触发器构成多谐振荡器的电路,如图 7-21 所示。

接通电源后,电容电压为零,$v_O = V_{OH}$。v_O 通过电阻 R 向电容 C 充电,如图 7-21 中虚线所示,v_I 上升,当 v_I 上升到 V_{T+} 时,电路发生翻转,输出低电平 $v_O = 0$。此后,电容 C 通过 R 放电,如图 7-21 中点线所示,v_I 下降,当 v_I 降到 V_{T-} 时,电路又发生翻转,使 $v_O = V_{OH}$。如此周而复始形成振荡,其工作波形如图 7-22 所示。

若采用 CMOS 施密特触发器,且 $V_{OH} \approx V_{DD}$、$V_{OL} = 0$,由图 7-22 所示的波形图,经计算可得多谐振荡器的振荡周期为

$$T = T_1 + T_2$$
$$= RC\ln\frac{V_{DD} - V_{T-}}{V_{DD} - V_{T+}} + RC\ln\frac{V_{T+}}{V_{T-}}$$
$$= RC\ln\left(\frac{V_{DD} - V_{T-}}{V_{DD} - V_{T+}} \cdot \frac{V_{T+}}{V_{T-}}\right) \qquad (7\text{-}10)$$

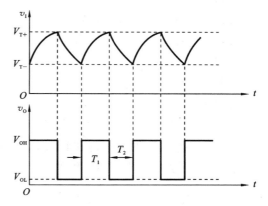

图 7-22 施密特触发器构成多谐
振荡器的工作波形

当采用 TTL 施密特触发器(如 74LS14)时,电阻 R 不能大于 470 kΩ,以保证输入端能够达到必要的负向阈值电平。但 R 的最小值也不能低于 100 Ω。若取 $V_{T-} = 0.8$ V、$V_{T+} = 1.6$ V,输出电压摆幅为 3 V,可以证明,其输出振荡频率为

$$f = \frac{0.7}{RC} \qquad (7\text{-}11)$$

其振荡频率可高达 10 MHz。

7.4 555 定时器

555 定时器是一种应用极为广泛的中规模集成电路。它只需外接少量的阻容器件就可以

构成单稳态触发器、多谐振荡器和施密特触发器等电路。该电路使用灵活、方便,广泛用于信号的产生、变化、控制与检测等场合。

555 定时器分双极型定时器和 CMOS 定时器两种类型。双极型定时器的型号有 NE555(或 5G555),CMOS 定时器的型号有 C555 等。无论哪种类型的 555 定时器,其内部电路结构都一样。它们的区别在于双极型定时器具有较大的驱动能力,最大负载电流可达 200 mA,其电源电压范围为 5～16 V;而 CMOS 定时器的输入阻抗高、功耗低,其电源电压范围为 3～18 V,最大负载电流在 4 mA 以下。

7.4.1   555 定时器的内部结构

1. 555 定时器外部引脚排列和内部结构

555 定时器为 8 脚直插式结构。为减小体积,现在也有贴片式的集成块出售。其外部引脚排列图如图 7-23(b)所示。各引脚的作用如下。

引脚 1 为接地的端子。

引脚 2 为触发信号(脉冲或电平)输入端。

引脚 3 为输出端。

引脚 4 为直接清 0 端($\overline{R}_D$ 复位)。

引脚 5 为控制电压端。

引脚 6 为高电平触发端(阈值输入端)。

引脚 7 为放电端。

引脚 8 为接外部电源的端子。

555 定时器的内部结构简化电路如图 7-23(a)所示。其中:由三个阻值为 5 kΩ 的电阻组成一分压器(555);有两个电压比较器 C_1 和 C_2;一个基本 RS 触发器和一个放电三极管 VT。对应输入、输出引脚端用括弧()里的数字标注。

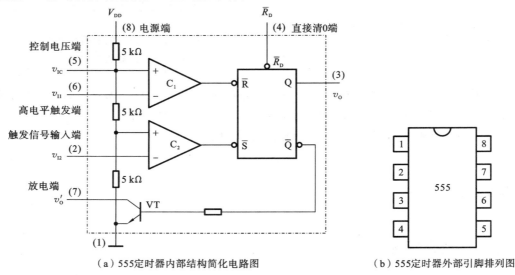

(a)555定时器内部结构简化电路图   (b)555定时器外部引脚排列图

图 7-23   555 定时器外部引脚排列及内部结构简化电路图

555 定时器的主要功能取决于比较器,比较器的输出控制基本 RS 触发器和放电三极管 VT 的状态。图 7-23(a)中 $\overline{R}_D$ 为复位(直接清 0)端,当 $\overline{R}_D$ 为低电平时,不管其他输入端的状态如何,输出 v_O 为低电平,正常工作时,$\overline{R}_D$ 接高电平。

2. 555 定时器工作原理

由图 7-23(a)可见,当引脚 5(控制电压端)悬空时,比较器 C_1 和 C_2 的比较电压分别为 $\frac{1}{3}V_{DD}$ 和 $\frac{2}{3}V_{DD}$。

(1) 当 $v_{I1} > \frac{2}{3}V_{DD}$,$v_{I2} > \frac{1}{3}V_{DD}$ 时,比较器 C_1 输出低电平,比较器 C_2 输出高电平,基本 RS 触发器置 0,$\overline{Q}=1$,放电三极管 VT 导通,输出 v_O 为低电平。

(2) 当 $v_{I1} < \frac{2}{3}V_{DD}$,$v_{I2} < \frac{1}{3}V_{DD}$ 时,比较器 C_1 输出高电平,比较器 C_2 输出低电平,基本 RS 触发器置 1,$\overline{Q}=0$,放电三极管 VT 截止,输出 v_O 为高电平。

(3) 当 $v_{I1} < \frac{2}{3}V_{DD}$,$v_{I2} > \frac{1}{3}V_{DD}$ 时,比较器 C_1 输出高电平,比较器 C_2 也输出高电平,基本 RS 触发器的 $\overline{R}=1$、$\overline{S}=1$,触发器状态不变,电路亦保持原状态不变。

综上所述,555 定时器的功能表,如表 7-3 所示。

表 7-3 555 定时器的功能表

输 入			输 出	
V_{I1}	V_{I2}	$\overline{R}_D$	v_O	VT
×	×	0	0	导通
$< \frac{2}{3}V_{DD}$	$< \frac{1}{3}V_{DD}$	1	1	截止
$> \frac{2}{3}V_{DD}$	$> \frac{1}{3}V_{DD}$	1	0	导通
$< \frac{2}{3}V_{DD}$	$> \frac{1}{3}V_{DD}$	1	不变	不变

如果在引脚 5(控制电压端)外加 $0 \sim V_{DD}$ 的电压,比较器的参考电压将发生变化,电路相应的阈值、触发电平亦将随之变化,进而影响电路的工作状态。

7.4.2 555 定时器的应用

1. 构成单稳态触发器电路

由 555 定时器构成的单稳态触发器电路及工作波形分别如图 7-24(a)、图 7-24(b)所示。以下分析该电路的工作过程。

1) 稳态

电源接通瞬间,电源 V_{DD} 通过电阻 R 向电容 C 充电,当 v_C 上升到 $\frac{2}{3}V_{DD}$ 时,v_{I1} 呈高电平,设 v_I(即 v_{I2})的初始状态为高电平且大于 $\frac{1}{3}V_{DD}$,基本 RS 触发器的 $\overline{R}=0$、$\overline{S}=1$,触发器复位,经与

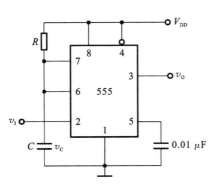

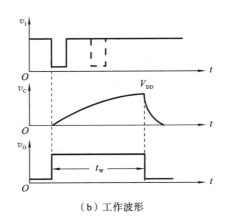

（a）555定时器构成的单稳态触发器电路 　　　　　（b）工作波形

图 7-24　由 555 定时器构成的单稳态触发器电路及工作波形

非门、非门输出后，使 v_O 为低电平，而与非门输出的高电平又使放电三极管 VT 导通，引脚 7 与引脚 6 为低电平，此时电容 C 放电，电路进入稳定状态。

2）触发翻转

若在引脚 2（触发信号输入端）输入一负触发脉冲 $\left(v_{I2}<\dfrac{1}{3}V_{DD}\right)$，则 $\overline{R}=1$、$\overline{S}=0$，触发器发生翻转，电路进入暂稳态，v_O 输出高电平，放电三极管 VT 截止。电容又被充电，直至 $v_C=\dfrac{2}{3}V_{DD}$ 时，电路又发生翻转，v_O 为低电平，VT 导通，电容 C 放电，电路恢复到稳态。电路 v_I、v_C 和 v_O 的工作波形，如图 7-24（b）所示。该单稳态触发器输出脉冲宽度为

$$t_W=RC\ln3\approx1.1RC$$

因为单稳态触发器具有延时功能且可作为定时器使用，所以本电路也是 555 集成电路的定时器应用。"555 定时器"的命名也源于此。

2. 构成多谐振荡器电路（无稳态电路）

由 555 定时器构成的多谐振荡器电路及工作波形分别如图 7-25（a）、图 7-25（b）所示。

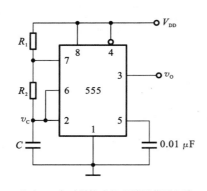
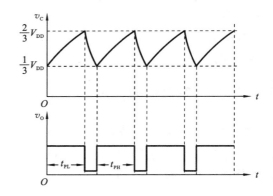

（a）555定时器构成的多谐震荡器电路 　　　　　（b）工作波形

图 7-25　由 555 定时器构成的多谐振荡器电路及工作波形

与图 7-24 相比，本电路将 v_{I2} 和 v_{I1}（引脚 2 和引脚 6）接在一起，经 R_2 接到放电三极管 VT

的放电端(引脚 7)。电路工作过程如下。

(1)电源接通后,V_{DD} 通过电阻 R_1、R_2 向电容 C 充电,当 v_C 上升到 $\frac{2}{3}V_{DD}$ 时,触发器被复位,同时放电三极管 VT 导通,v_O 为低电平,电容 C 通过电阻 R_2 和 VT 放电,使 v_C 下降。

(2)当 v_C 下降到 $\frac{1}{3}V_{DD}$ 时,触发器又被置位,v_O 翻转为高电平。电容放电所需时间为

$$t_{PL}=R_2 C \ln 2 \approx 0.7 R_2 C \tag{7-12}$$

(3)当电容 C 放电结束时,放电三极管 VT 截止,V_{DD} 将通过 R_1、R_2 向电容 C 充电,当 v_C 由 $\frac{1}{3}V_{DD}$ 上升到 $\frac{2}{3}V_{DD}$ 时,所需时间为

$$t_{PH}=(R_1+R_2)C \ln 2 \approx 0.7(R_1+R_2)C \tag{7-13}$$

(4)当 v_C 上升到 $\frac{2}{3}V_{DD}$ 时,触发器又发生翻转,如此周而复始,于是在输出端输出一周期性方波,其振荡频率为

$$f=\frac{1}{t_{PL}+t_{PH}}\approx\frac{1.43}{(R_1+2R_2)C} \tag{7-14}$$

由于 555 定时器内部比较器灵敏度较高,且采用了差分电路形式,所以它的振荡频率受电源电压和温度变化的影响较小。其电源电压使用范围较宽(一般在 3~18 V)。

如果将图 7-25 所示的电路改成图 7-26 的形式,用二极管 VD_1、VD_2 隔离电容的充放电回路。电路变成占空比可调的多谐振荡器。图 7-26 中 V_{DD} 对电容充电的回路是从 R_A、VD_1 到 C(见图中虚线),充电时间为

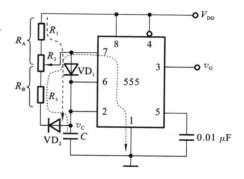

$$t_{PH}\approx 0.7 R_A C \tag{7-15}$$

电容 C 通过 VD_2、电阻 R_B 和 555 定时器内部放电三极管 VT 放电(见图中点线),放电时间为

$$t_{PL}\approx 0.7 R_B C \tag{7-16}$$

图 7-26 占空比可调的方波发生器

因而,振荡频率为

$$f=\frac{1}{t_{PL}+t_{PH}}\approx\frac{1.43}{(R_A+R_B)C} \tag{7-17}$$

方波信号的占空比为

$$q=\frac{R_A}{R_A+R_B}\times 100\% \tag{7-18}$$

可见,改变 R_A 与 R_B 的值,可调整方波信号的占空比。如果输出端接入扬声器,改变占空比就可改变扬声器的"音调"。

3. 构成施密特触发器电路

将 555 定时器的阈值输入端(引脚 6)和触发信号输入端(引脚 2)连在一起,便构成了施密特触发器(见图 7-27(a)),当输入如图 7-27(b)所示的三角波信号时,则从施密特触发器的 v_{O1} 端可得到方波输出。

如将图 7-27(a)中引脚 5 外接控制电压 v_{IC},改变 v_{IC} 的大小,就改变了比较器的比较电压,

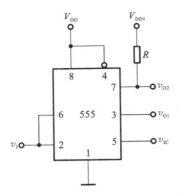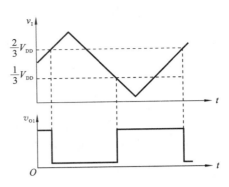

（a）555定时器构成的施密特触发器电路　　　　（b）工作波形

图 7-27　由 555 定时器构成的施密特触发器电路及工作波形

从而可以调节回差电压，即可改变方波宽度。如将 555 定时器的放电端（引脚 7）用电阻 R 与另一电源 V_{DD1} 相接，相当于改变了放电三极管 VT 的集电极电压，于是由 v_{O2} 输出的信号可实现电平转换。

以上仅讨论了由 555 定时器组成的单稳态触发器、多谐振荡器和施密特触发器等简单电路。实际上，由于 555 定时器的比较器灵敏度高、输出驱动电流大、外接电路简单、电路功能灵活多变，因而得到了广泛应用。

习　题　7

7-1　图 7-28 所示电路为 CMOS 或非门构成的多谐振荡器电路，图中 $R_S = 10R$。

（1）画出 a、b、c 各点的波形。

（2）计算电路的振荡周期。

（3）当阈值电压 V_{TH} 由 $\frac{1}{2}V_{DD}$ 改变至 $\frac{2}{3}V_{DD}$ 时，电路的振荡频率如何变化？试说明 R_S 的作用。

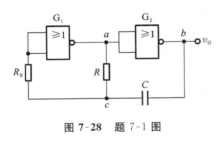

图 7-28　题 7-1 图

7-2　微分型单稳态电路，如图 7-29 所示。其中，$t_{PI} = 3$ ms、$C_d = 50$ pF、$R_d = 10$ kΩ、$C = 5000$ pF、$R = 200$ Ω。

（1）试对应画出 v_I、v_D、v_{O1}、v_R、v_{O2}、v_O 的波形。

（2）求输出脉冲宽度。

7-3　由集成单稳态触发器 74LS121 组成的延时电路及输入波形，如图 7-30 所示。

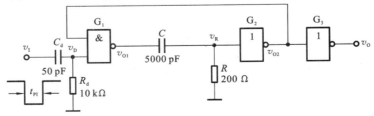

图 7-29　题 7-2 图

（1）计算输出脉冲宽度的变化范围。

（2）解释为什么使用可调电阻时要串联一个电阻。

7-4　图 7-31 所示电路为一回差可调的施密特触发器电路，它是利用射极跟随器的发射极电阻来调节回差的。

（1）分析电路的工作原理。

（2）当 R_{e1} 在 $50 \sim 100 \ \Omega$ 的范围内变化时，求回差的变化范围。

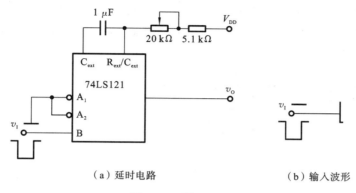

（a）延时电路　　　　　　　　　　（b）输入波形

图 7-30　题 7-3 图

7-5　图 7-32 所示电路为由 555 定时器组成的锯齿波发生器电路。VT 和电阻 R_1、R_2、R_e 构成恒流源给电容 C 充电。当触发输入端输入负脉冲后，画出电容电压 v_C 和 555 定时器输出 v_O 的波形，并计算电容 C 充电的时间。

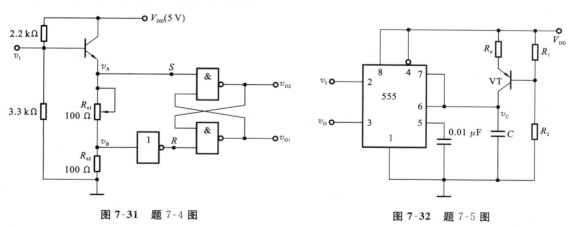

图 7-31　题 7-4 图　　　　　　　　　图 7-32　题 7-5 图

附录 A　7 位 ASCⅡ 码字符表

ASCⅡ 采用 7 位 ($b_6b_5b_4b_3b_2b_1b_0$)，可以表示 $2^7 = 128$ 个符号，7 位 ASCⅡ 码字符表如表 A-1 所示，任何符号或控制功能都由高 3 位 $b_6b_5b_4$ 和低 4 位 $b_3b_2b_1b_0$ 的位确定。对所有控制符，有 $b_6b_5 = 00$，而对其他符号，则有 $b_6b_5 = 01$，$b_6b_5 = 10$，$b_6b_5 = 11$。

表 A-1　7 位 ASCⅡ 码字符表

b_3	b_2	b_1	b_0	$b_6b_5=00$		$b_6b_5=01$		$b_6b_5=10$		$b_6b_5=11$	
				$b_4=0$	$b_4=1$	$b_4=0$	$b_4=1$	$b_4=0$	$b_4=1$	$b_4=0$	$b_4=1$
0	0	0	0			SP	0	@	P	、	p
0	0	0	1			!	1	A	Q	a	q
0	0	1	0			”	2	B	R	b	r
0	0	1	1			#	3	C	S	c	s
0	1	0	0			$	4	D	T	d	t
0	1	0	1			%	5	E	U	e	u
0	1	1	0			&	6	F	V	f	v
0	1	1	1			'	7	G	W	g	w
1	0	0	0	控制符		(	8	H	X	h	x
1	0	0	1			)	9	I	Y	i	y
1	0	1	0			*	:	J	Z	j	z
1	0	1	1			+	;	K	[	k	{
1	1	0	0			,	<	L	\	l	|
1	1	0	1			-	=	M	]	m	}
1	1	1	0			.	>	N	∧	n	~
1	1	1	1			/	?	O	—	o	DEL

参 考 文 献

〔1〕 康华光.电子技术基础——数字部分[M].4 版.北京:高等教育出版社,2000.

〔2〕 阎石.数字电子技术基础[M].5 版.北京:高等教育出版社,2008.

〔3〕 潘学海.电子技术初步(数字电路)[M].4 版.北京:高等教育出版社,2006.